中国公民科学素质提升行动丛书

产业工人
科学素质提升行动

·融媒体版·

《中国公民科学素质提升行动丛书》编写组　编

科学普及出版社
·北　京·

丛书指导委员会

（按姓氏笔画排序）

丛书编写组

丁　培	万维钢	马志飞	马冠生	王　光
王　晨	王　翔	王　磊	王立铭	王俊鸣
王冠宇	王海风	牛玲娟	毛　峰	卞毓麟
尹　沛	尹传红	申立新	史　军	包　宏
冯桂真	邢立达	毕　坤	刘　博	刘　鹤
刘春晓	安　静	许　晔	许仁华	李　响
李　铮	李志芳	肖宗祺	吴　华	吴苏燕
余　翔	张　刃	张　闯	张　晔	张天蓉
张文生	张世斌	张劲硕	张继武	张婉迎
陈　灿	陈红旗	范丽洁	周又红	庞　辉
郑永春	单之蔷	孟　胜	赵　斌	赵春青
段玉佩	俞冀阳	闻新宇	姜　霞	祝晓莲
秦　彧	夏　飞	郭玖晖	郭晓科	黄　大
梁　进	董　宽	蒋高明	谢　兰	谢映霞
雷　雪	廖丹凤	赛先生	滕　飞	滕继濮
潘　亮	鞠思婷	魏晓青	籍利平	

前言

习近平总书记指出："科技创新、科学普及是实现创新发展的两翼，要把科学普及放在与科技创新同等重要的位置。没有全民科学素质普遍提高，就难以建立起宏大的高素质创新大军，难以实现科技成果快速转化。"

《中国公民科学素质系列读本》（以下简称《素质读本》）是中国科协为推动全民科学素质行动在"十三五"期间的有效开展而立项的大型出版项目。《素质读本》于2015年9月出版，后于2016年10月升级为融媒体版。

2021年启动的第3版修订工作，对标《全民科学素质行动规划纲要（2021—2035年）》（以下简称《新纲要》），重点围绕践行社会主义核心价值观，大力弘扬科学精神，培育理性思维，养成文明、健康、绿色、环保的科学生活方式，提高劳动、生产、创新创造的技能等专题进行内容修订。根据《新纲要》界定的五大人群，本次修订后的《素质读本》更名为《中国公民科学素质提升行动丛书》，包括《小学生科学素质提升行动》《中学生科学素质提升行动》《农民科学素质提升行动》《产业工人科学素质提升行动》《老年人科学素质提升行动》《领导干部和公务员科学素质提升行动》。

《素质读本》自问世以来，取得了社会效益、经济效益双丰收：图书获多项省部级出版物奖，衍生产品《公民科学素质动漫微视频》获第五届中国出版政府奖音像电子网络出版物奖提名奖；图书累计发行逾130万册，视频全网播放量逾10亿次。希望本次修订的版本，能够继续成为我国公民科学素质提升行动的重要工作抓手之一，为我国科学素质建设发挥积极作用！

《中国公民科学素质提升行动丛书》编写组
2023年5月

目录 Contents

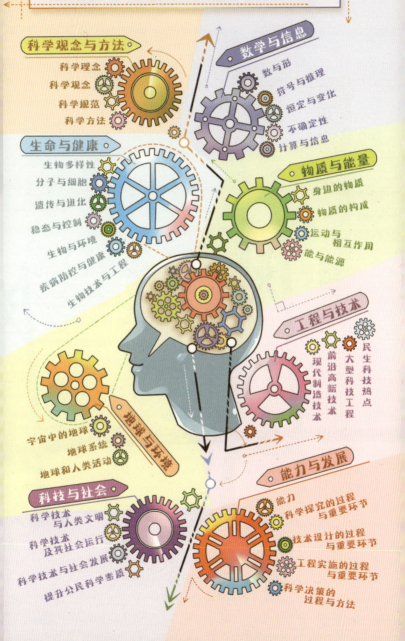

全民科学素质学习大纲结构导图

科学观念与方法
科学理念
科学观念
科学规范
科学方法

数学与信息
数与形
符号与推理
恒定与变化
不确定性
计算与信息

生命与健康
生物多样性
分子与细胞
遗传与进化
稳态与控制
生物与环境
疾病防控与健康
生物技术与工程

物质与能量
身边的物质
物质的构成
运动与相互作用
能与能源

工程与技术
民生科技热点
大型科技工程
前沿高新技术
现代制造技术

地球与环境
宇宙中的地球
地球系统
地球和人类活动

科技与社会
科学技术与人类文明
科学技术及其社会运行
科学技术与社会发展
提升公民科学素质

能力与发展
能力
科学探究的过程与重要环节
技术设计的过程与重要环节
工程实施的过程与重要环节
科学决策的过程与方法

工程与技术

基因工程能够帮助人类益寿延年吗

　　为什么有的人会成为色盲？为什么有的人会发胖或者秃顶？为什么有的人容易患某一种疾病而不是另一种疾病？癌症、糖尿病、心脏病和白血病有没有根治的办法？如果想要弄清楚这些问题的答案，就离不开探索生命奥秘的基因工程技术。

　　DNA 是脱氧核糖核酸的简称。我们通常所说的基因，指的就是带有遗传信息的 DNA 片段。1953 年 2 月，英国科学家弗朗西斯·克里克在剑桥的一家酒吧里宣布，人类已经发现了生命的秘密——正是细胞核中双螺旋结构的 DNA 分子，引导生物发育与生命机能运作，决定了生物的遗传性状。由此开始，人类基因这本自然天书被翻开了第一页。

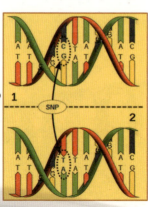

　　1990 年，"人类基因组计划"正式启动，由美国、英国、法国、德国、日本和中国科学家共同合作执行，目标是揭开组成人体 2.5 万个基因的 30 多亿对碱基的秘密，

同时绘制出人类基因组遗传图和物理图。历经 15 年的努力，这个被誉为"生命科学里的登月计划"的跨国行动宣告完成，公布了人类基因组图谱，测定出了全部碱基顺序。人类清楚地掌握了全部基因在染色体上的位置、功能、结构及致病突变的情况。

自然界创造新的生物物种，通常需要几十万年乃至几百万年的漫长岁月。如今，通过人工"剪切"和"拼接"等方法，科学家已经可以对各种生物 DNA 分子进行改造和重新组合。在不久的将来，随着数以千种人类基因遗传病的致病基因被揭示出来，各种疑难杂症都可能会有相对应的基因疗法，延年益寿的梦想将会变成现实。

未知探索

中国参与"人类基因组计划"

1999 年 9 月，中国正式参与"人类基因组计划"，成为参加这项研究计划的唯一的发展中国家，负责测定人类基因组全部序列 1% 的工作，承担人类第 3 号染色体断臂上 3000 万对碱基测序。2001 年 8 月 26 日，人类基因组"中国卷"的绘制工作宣告完成，表明中国在基因组学研究领域已经达到国际先进水平。

3D打印在工业生产中能否"包打天下"

　　"打印"一件漂亮的衣服,"打印"一幢完整的建筑,甚至"打印"一颗牙齿或是一组毛细血管……随着 3D 打印技术不断推出让人眼界大开的新产品,越来越多的人开始想象未来的工业车间到底是什么样子,会不会由清一色的 3D 打印机"包打天下"?

　　3D 打印技术属于快速成型技术的一种。在传统制造业中,如果想要制作一把汤匙,需要用一块原料进行切削加工。3D 打印则截然不同,只要有产品的数字模型文件和粉末状可黏合材料,就可以通过逐层生成的方式生产出汤匙,就像喷墨打印文稿一样快捷方便。

　　3D 打印通常是采用数字技术材料打印机来实现的。世界上第一台商业 3D 打印机出现在 1986 年。24 年后,世界上第一辆 3D 打印而成的汽车问世。2012 年,3D 打印机首次打印出肝脏组织。2020 年 5 月,我国的"长征五号"B 运载火箭搭载了 3D 打印机,这是中国首次太空 3D 打印实验,也是国际上第一次在太空中开展连续纤维增强复合材料的 3D 打印实验。如今,3D 打印技术不仅可以用来生产日用品,还可以制造飞机上的零部件。3D 打印出来的化石复制品，保留了原品的全部外在特征，考古人员再不会害怕易碎品发生意外了。

3D 打印契合了按需制造、分布式制造、个性化制造、智能化制造的趋势，无论加工结构多么复杂的产品，都可以直接下单打印出来。当然，由于受到成本和材料的限制，3D 打印目前尚不具备在工业生产中"包打天下"的实力。不过，伟大发明所能带来的影响，往往是人类在发明出现之时所难以预测的。谁能保证 3D 打印技术不会像当年的蒸汽机技术一样，成为一股引领未来社会变革的潜在力量呢？

未知探索

材料掣肘 3D 打印工业应用

目前，材料成为掣肘 3D 打印实现工业应用的短板。由于 3D 打印属于增材制造，可用的材料仅有 100 多种，不足传统制造材料种类的 1%，导致 3D 打印与工业应用的结合面太窄。此外，3D 打印材料抗疲劳和耐高温的性能还不够稳定，成本更比传统制造高出上百倍，大大限制了 3D 打印在高精尖以外工业领域的推广。

3D 打印材料抗疲劳和耐高温的性能还不够稳定……

为什么产业工人要"放下铁锹，拿起鼠标"

　　静谧的青岛港 20 万吨级矿石码头，满载矿石的货轮正在卸货。与想象中繁忙的景象不同，工作现场看不到一个工人，只有现代化的机器在静悄悄地运行。在 20 世纪 50—60 年代，一艘两三万吨的货船完成卸货，需要上千名工人用铁锹干上好几天。如今，港口工人只需轻叩电脑鼠标，就可以操控卸船机、传送机等现代化设备，每小时卸货可以超过 1 万吨。

未知探索

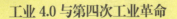

工业4.0与第四次工业革命

工业4.0概念，指把供应、制造和销售等生产环节进行数据化和智慧化，从而建立起一个新的、具有高度灵活的个性化和数字化的产品与服务生产模式。工业4.0也被称为第四次工业革命，它以智能制造为主导，主要包括智能工厂、智能生产和智能物流。

放下铁锹，拿起鼠标，这是信息时代给产业工人带来的冲击和挑战。以往，工人们要用砂纸打磨器具，费时费力，粉末弥漫。如今，使用超声波数字清洗机，无论结构多么复杂的零部件，三两分钟就可以清洗干净，迅速完成除油、防锈和磷化等工艺过程。流水线上自动化设备的广泛应用，也把一线工人从搬挪笨重物件的体力劳动中解放出来，开始通过电脑操控机器人的"手臂"完成生产操作。

未来的产业制造不再有"傻大粗笨"的特点，而是在现代化的智能工厂里完成。随着工业4.0理念的不断深入，一场新的工业革命正在席卷全球。生产流程数字化的浪潮，逐一颠覆着每一个传统产业，迫使产业工人适应信息社会的新变革。随着工业生产与互联网和物联网的紧密结合，原料供应、产品制造与物流配送都变得"智能"起来，以前的铁锹根本派不上什么用场，会用鼠标的劳动者，才能成为生产制造过程的主人。

现代制造业对于国家发展有多重要

一个看上去活泼可爱的芭比娃娃，离开广东东莞地区的生产厂家时，出厂价为 1 美元。但是，当它漂洋过海来到美国沃尔玛超市的货架上，零售价格变成了 9.9 美元。传统制造业在产业链条上的位置，正在被信息与物流不断推向产业链条的最底端。

1765 年，英国人哈格里夫斯发明了"珍妮纺纱机"，在棉纺织业引发了发明机器进行技术革新的连锁反应，揭开了工业革命的序幕。由此开始，大规模的工厂化生产取代了个体手工生产，传统制造业成为国民经济的主体产业，把各式各样的资源制造成人们需要的产品，包括大型工具、工业品和生活消费品。从国防力量需要的尖端武器到日常生活需要的衣食住行用品，传统制造业的发达程度，决定着一个国家的国际地位和生活水平。

不过，今天的科学技术和信息革命正在颠覆一切。过度依靠廉价劳动力，资源消耗严重，这些传统制造业的短板暴露了出来，现代制造业应运而生。如今，生产马达的工厂如同空无一人的

实验室，生产线上只有智能设备在制造和组装产品。我们通常乘坐的大型民航客机，其机舱、机身、机翼分别在不同国家制造，把不同地方的产业优势用到了极致。

和传统制造业相比，现代制造业有两个独门利器，一个是知识，另一个是技术。现代制造业的发展，把科技创新更快地转化为生产力，机械化和自动化升级了，变成了智能化和网络化，开启了信息化和工业化相互促进的新时代。现代制造业的快速发展，将会改变一个国家的国际竞争力排名，重新决定各个国家的经济实力和国际地位。

未知探索

建设制造强国的"时间表"

在《中华人民共和国国民经济和社会发展第十四个五年规划和2035年远景目标纲要》中，制造强国战略成为国家发展布局的关键一环。推动制造业高端化、绿色化、数字化、智能化转型，推进工业化和信息化深度融合，则是制造强国建设的必由之路。依照规划，我国将在2035年整体达到世界制造强国阵营中等水平，在2049年综合实力进入世界制造强国前列。

5 核电站建在哪里才不会威胁公众安全

　　从上海向南驱车 120 千米，就进入杭州湾畔的秦山核电站。围墙之内，9 座乳白色的圆形核岛依山临海，错落<u>矗</u>立在墨绿的山间，其内进行核反应正释放着巨大的能量。它们被形象地称为"安全壳"，包裹着核电站的"能量心脏"和"辐射源头"，不仅可以确保反应堆内的放射性物质不会逸入环境，还能够承受地震、飓风和飞机撞坠的冲击。

　　核电站与核能密不可分。20 世纪 30 年代，科学家用中子轰击铀原子核，发现了核裂变现象。1942 年，美国建造了世界上第一座核反应堆，开创了核能的时代。1984 年，世界上第一座核电机组在苏联投入运行，核能由此进入人类的生活。

　　与传统发电方式相比，核能有些像马戏团里的猛兽，听话时让人感到其乐无穷，一旦失控则后果不堪设想。

核反应堆排放到环境里的放射性物质非常低微，甚至比煤电厂还要少得多……

在世界核电发展史上，曾经出现过美国三里岛核电站事故和苏联切尔诺贝利核电站事故，但都是由于人为因素造成的。如今，随着核电技术的持续改进，核电站的建设和运营已经可以做到"万无一失"。

核反应堆的运行和核废料的处置是有严格标准的，排放到环境里的放射性物质非常低微，甚至比煤电厂还要少得多。一座百万伏级核电厂周围的居民，一年受到的辐射量只有 0.01 毫希，相当于吸一支烟的辐射量。何况，在核电站与居民区之间，还要严格保持必要的安全距离。从这个角度上看，无论核电站建在哪里，都不会对公众安全产生威胁。

未知探索

核电站是怎么运行的

和火电站一样，核电站也是蒸汽带动发电机发电的。但是，核电站生产蒸汽的热源不是锅炉，而是核反应堆。用铀制成的核燃料在反应堆内"燃烧"，发生核裂变反应，产生大量热能和水蒸气，推动汽轮机带动发电机旋转，电就源源不断地生产出来了。

6 黑客为什么能偷走我们的银行密码

　　没有丝袜蒙脸，也没戴滑雪面罩，更没有手持枪支，仅仅用了 10 小时，就从 27 个国家的柜员机里提取了 4000 多万美元，而且几乎没有引发任何注意……在这起由美国犯罪团伙在 2013 年制造的银行抢劫案中，职业黑客攻入了散布世界各地的银行数据库，把原本有提款限额的借记卡变成了无限取款的"超级金卡"。信息时代的网络安全危机，由此暴露无遗。

　　目前，中国网民总数超过 10 亿，使用手机上网的比例超过 99%。但是，国家互联网应急中心发布的中国互联网网络安全报告显示，公民个人信息未脱敏展示与非法售卖情况较为严重，银行、证券、保险相关行业用户个人信息遭非法售卖的事件占比较高。犯罪黑客通过发送钓鱼邮件，在个人电脑中植入木马病毒，破译账户密码，再通过网上银行实施转账或消费。

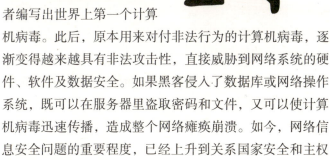

还有的黑客在公共场所伪造 Wi-Fi，轻易窃走上网用户的个人信息和网银密码。

1986 年，为了防止自己编制的电脑软件被非法复制，一家电脑公司的经营者编写出世界上第一个计算机病毒。此后，原本用来对付非法行为的计算机病毒，逐渐变得越来越具有非法攻击性，直接威胁到网络系统的硬件、软件及数据安全。如果黑客侵入了数据库或网络操作系统，既可以在服务器里盗取密码和文件，又可以使计算机病毒迅速传播，造成整个网络瘫痪崩溃。如今，网络信息安全问题的重要程度，已经上升到关系国家安全和主权的高度。

未知探索

网络时代怎样保护个人密码

毫无疑问，把密码设得越复杂，黑客就越难破译，所以密码长度是保证密码安全性的前提。记住自己喜欢或讨厌的一句话，用每个字的第一个拼音字母排成密码，看上去杂乱无序，但容易记忆，不好破译。当然，再复杂的密码也只能尽量降低风险，却不能将风险降为零。所以，不要反复或长期使用一个密码，这比苦心设置密码更有效。

工程与技术

7 电脑怎么能够击败世界国际象棋冠军

　　在中国象棋甲级联赛的赛场，安保人员手持金属探测器，严防参赛选手把手机或耳麦带进场内。原来，电脑上的中国象棋软件程序，已经到了可以轻松击败特级大师的水平。如果在场外观看棋局直播的人，把电脑运算的结果传给参赛者，他的对手将毫无胜算。

　　其实，类似的情形早在国际象棋界出现了。1997年6月，电脑"深蓝"与世界棋王卡斯帕罗夫对战七盘，竟然两胜三平一负，轰动世界。在"深蓝"的主机里，内置500个国际象棋程序芯片，储存了60万份顶级对局棋谱。

　　世界棋王每走一步，"深蓝"马上计算接下来的千万种棋局变化，自动筛选出最有制胜机会的下一步。

　　一堆电子元件击败了人类最聪明的大脑，显示出人工智能改变世界的未来图景。人工智能是源起于1956年的新兴学科，试图让计算机拥有学习、推理、思考和规划的能力，成为模拟人类思维的智慧机器。如今的智能服务机器人，能够端菜扫地，唱歌跳舞，跟孩子做游戏，陪老人谈古论今。那些并不具备人类外形的人工智能产品，比如语音识别、图像分类、机器翻译和可穿戴设备，也逐渐成为人们离不开的好帮手。

互联网和大数据的方兴未艾，加速推动人工智能技术的进步。一旦可以像人的大脑那样举一反三，拥有智慧和情商，机器的创造空间几乎无法想象。到了那时，人类怎样防止智能机器成为自己的对手，也许会是新的问题。

未知探索

ChatGPT 能够帮助人类做什么

ChatGPT 是人工智能技术驱动的自然语言处理工具，它能够通过理解和学习人类的语言来进行对话，还能根据聊天的上下文进行互动，真正像人类一样来聊天交流，甚至能完成撰写邮件、视频脚本、文案、翻译、代码，写论文等任务。不过，IT 行业的决策者担心，这种人工智能聊天机器人可以被黑客用于策划网络攻击，并容易造成具有风险性的数据泄露。

体育新闻

15

8 智慧城市里的生活是什么样子

　　清晨醒来，百叶窗已经根据室外光线自动调节到了最适宜的角度，智能厨房系统已经准备好了早餐。开车上班，智能导航自动提供最优路线。到了公司，数据库已经自动安排出当天需要跟踪的客户。这个时候，家里的一切正在井然有序地进行，厨余垃圾被自动回收，家用电器被智能楼宇管理系统自动关闭……智慧城市的生活图景，正在一步步地成为现实。

　　随着人口大量涌入，交通拥挤、住房困难、环境恶化、资源紧张的"病痛"，让不堪重负的城市面临严重危机。20世纪90年代，"智慧城市"理念开始出现，试图通过智能化

未知探索

大数据打破"信息孤岛"

　　城市中每天产生的海量且多样化的数据，经过汇集、处理和分析后，进一步反馈到城市生活的应用中，成为一个"传感器的网络"，打造出一个高效运作的智慧城市。大量核心数据信息分散在城市各个政府部门，形成一个又一个亟须打破的"信息孤岛"。没有数据共享，就谈不上智慧城市。

提升整个城市的效率。比如，水、电、油、气、交通等公共服务资源信息，通过互联网有机联接起来，快速响应人们的学习、生活、工作和医疗需求，促使城市环境变得更加友善。

智慧城市就像一个充满活力的"聪明人"。移动互联网是"神经"，为城市提供无处不在的网络；物联网是"血管"，使得城市可以互联互通；云计算是城市的"心脏"，为城市各种智能化应用提供平台；大数据则是城市的"大脑"，发动着城市高效运转的智慧引擎。

在人类的日常生活中，城市消耗了 75% 的能源和 60% 的水资源，排放了 80% 的温室气体。按照世界银行的测算，一个百万人口以上的智慧城市的建成，在投入不变的条件下，通过实施全方位的信息管理，可以增加 2.5 ~ 3 倍的城市发展红利。随着更多智慧基础设施的建成，未来智慧城市的生活，一定会更加舒适和便利。

9 人类为什么要探索月球的奥秘

　　2013 年 12 月 14 日，中国"嫦娥三号"探测器成功着陆月球，"玉兔号"月球车缓缓打开蜷缩的身体，顺着斜梯滑到月球表面。这是自 20 世纪 60—70 年代"阿波罗号"成功登月之后，人类探测器实现的唯一一次月球软着陆，中国也因此成为第三个独立实施月球软着陆的国家。

　　"嫦娥三号"和"玉兔号"着陆月球，是中国探月历史进程的重要一步。2004 年，中国正式开展月球探测工程，并命名为"嫦娥工程"，计划分为无人探月、载人登月和建立月球基地三个阶段。如今，载人登月阶段任务已经启动实施，新一代载人运载火箭、新一代载人飞船、月面着陆器、登月服等正在研制，计划在 2030 年前实现中国人首次登陆月球。

　　也许很多人要问，月球上荒凉一片，上去又能有什么用处？其实，别看月球的体积只有地球的 1/49，稀有金属的储藏量却比地球多得多。月壤中含有丰富的氦-3，利用氘和氦-3 进行的氢聚变可作为核电站的能源。如果月球两极还存在大量液态水，可能成为人类在太阳系中拥有的最宝贵的"不动产"。何况，月球基地还将成为人类生存延伸到地球以外星球的开端。

　　探测月球是人类航天史上的大事件。1959 年 9 月，苏

联发射的"月球2号"探测器成为第一个击中月球的人造物体。1969年7月，美国"阿波罗11号"飞船实现了人类第一次登月。2020年12月17日，"嫦娥五号"探测器携带1731克月壤，以接近第二宇宙速度的极速返回地球，在距离地表10千米高度开伞，按照预定方案降落在内蒙古四子王旗着陆场。它带回来的月壤样品记录着月球衰老的密码，刷新了人类对月球岩浆活动和热演化历史的认知。

知识链接

月球表面是什么样子的

月面是一个平静的世界。从地球上远望月球，可以看到一些黑色的斑块，这就是月海。月海徒有"海"的虚名，实际上滴水不含，不过是比较平坦且比周围低洼的平原，表层覆盖着岩石。目前，人类已经知道的月海有22个，绝大多数分布在面向地球的月球正面。月球上的陨击坑通常又称为环形山。大多数环形山的形成，都是陨星撞击的结果。

清洁能源为什么不会排放污染物

大约在3亿年前，长达5000万年的石炭纪结束了，沼泽地里的植物、动物和水藻被深埋在地下，最终演化变成了今天的煤炭、石油和天然气。不过，这些化石燃料既为人类提供热能，也让大气层的二氧化碳浓度明显升高，环境遭受巨大破坏。更不幸的是，化石燃料的消耗速度太快了，大自然根本来不及制造补充，彻底枯竭的日子或许很快就会到来。

那么，地球上有没有这样的能源，既不向地球排放污染物，又可以长久使用或可以再生？答案当然是肯定的，因为清洁能源已经在人类生活中逐渐占据重要的位置。其中，核能是目前使用最广泛的清洁能源，优势非常明显。

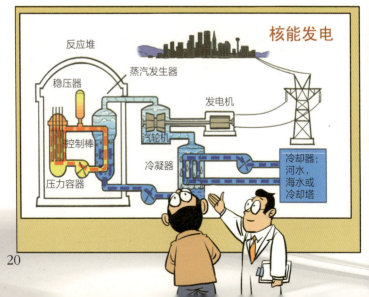

核能发电

反应堆 / 稳压器 / 蒸汽发生器 / 发电机 / 控制棒 / 汽轮机 / 压力容器 / 冷凝器 / 冷却器：河水、海水或冷却塔

就拿能量密度来说，核燃料要比化石燃料高出几百万倍。同样是 100 万千瓦的发电量，火电厂需要 300 万～400 万吨原煤，核电站却只需要 28 吨浓缩铀。要知道，光是海水中的铀就有 45 亿吨，可以保证人类几万年的能源需要。

清洁能源还包括各种可再生能源，几乎遍布天上地下。太阳能既可以转化成热能，又可以转化成电能，甚至可以为人造卫星提供能源。风能是大量空气流动所产生的动能，风力发电一直是世界上增长最快的能源。地热能来自地球内部，高温的熔岩涌至离地面 1～5 千米的地壳，将附近的地下水加热，成为可供人们直接取用的热源。除了水能、生物能（沼气）和地热能外，海洋波浪、海水温差、海流和潮汐也可以用来发电。氢气更是一种含能量很高的无污染燃料，燃烧时仅产生水蒸气，既清洁又高效。

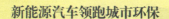

知识链接

新能源汽车领跑城市环保

在今天的大城市里，新能源汽车越来越多，从混合动力汽车起步，逐渐发展到纯电动汽车，不再需要燃烧汽油或柴油，而是采用充电电池制造动能。与传统汽车相比，纯电动汽车不产生或几乎不产生污染物，减少了机油泄漏带来的水污染，大大降低了温室气体的排放。

数学与信息

人类究竟是发现还是发明了数学

在古希腊《荷马史诗》中，独眼巨人吕斐摩斯被奥德修斯刺瞎了仅有的一只眼睛后，就坐在山洞里照料羊群。早晨，羊儿外出吃草，每出来一只，他就从石子堆里拣起一颗石子。晚上，每有一只羊回来，他就扔掉一颗石子。当早上捡起的石子全都扔光的时候，他就知道所有的羊都回到山洞了。这种计算方法，其实就是数学在生活中的一种应用。

最早的数学故事，显得简单而浅显，不过是用特殊的符号去代替结绳记事。但是，恰恰是从数字记号开始，数学逐渐发展成为复杂的计算和逻辑推演，还有公式与数列。

未知探索

人类最早是怎样计算数字的

一对雏鸡和两天时间，看上去毫不相干。但是，一旦人类发现它们都共同拥有"2"的时候，数学就诞生了。有文字记载以前，计数和简单的算术就已经发展起来。石子计数、结绳计数和刻痕计数，这是最早的三种计数方法，既可以记录较大的数字，也便于累计和保存。

24

19世纪60年代，麦克斯韦就列出了表达电磁基本定律的四元方程组，直到20年后，科学实验才探测到电磁波的存在。今天，科学家依据数学理论计算电子的磁矩时，理论值与实测值的误差竟然不超过亿分之一。这种精确解释现实世界的魔力，让看上去枯燥无比的数学充满神奇。

至今没有一个准确答案的问题是——人类究竟是发现还是发明了数学。数学中的公理和概念，往往依靠思考者一刹那的顿悟，这显示出发明的特性。不过，如果阿基米德没有找到球体表面积的计算公式，这种方法其实仍会在客观世界中存在。所以，数学的起源及发展过程，就是一个发明与发现混杂交织的过程。

或许，正如物理学家魏格纳所说，数学"堪称我们既无法理解亦不配享受的一件神奇礼物"，这该是数学最富个性的魅力吧。

12 为什么不能靠买彩票发家致富

　　如果我们反复投掷硬币，到底是正面朝上还是反面朝上的次数更多？科学家可以马上回答说，投掷的次数越多，出现正面和反面的次数就越接近，甚至可以用一连串的公式进行证明。但是，具体到下一次投掷硬币的结果，那可是什么公式都没有，并不会因为连续出现了9次正面朝上，就可以断定第10次会变成反面。决定这一切的，便是数学中的概率。

　　在同样的条件下，有些事情是一定发生的，比如水加热到一定温度就会沸腾，这是必然现象。有些事情则存在偶然性，就像投掷硬币不能确定哪一面朝上一样，这是随机现象。因为充满不确定性，所以人们试图用概率统计的方法，来探索随机现象发生的规律。很多彩票购买者相信，由同一部机器摇出的中奖号码，应当具有一

定的规律性，可以通过压缩号码范围提高中奖概率。其实，具体到每一次摇奖，号码出现的概率都是相同的，不会因为刚刚出现过就不再出现，也不会因为很久没有出现就蜂拥而出。

如果掌握了更多的概率知识，人们便会发现几乎不可能通过买彩票发家致富。比如，双色球彩票在 1 ~ 33 红色球号码和 1 ~ 16 蓝色球号码中随机摇选数字，由 6 个红球号码和 1 个蓝球号码构成中奖号码，中得头奖的概率仅仅是 1772 万分之一。这个概率到底有多小？不妨还是用硬币来做个例子。一个人连续投掷 10 次硬币，始终正面朝上的概率是 1/1024，竟然要比双色球中头彩的机会大出 1 万多倍。所以，真想靠买彩票暴富的人，不妨先去投掷 10 次硬币试试看。

未知探索

电脑键盘为什么这样排序

19 世纪 70 年代，打字机的工艺还很落后，相邻的字键弹回时容易绞在一起。为了减慢打字速度解决铰连问题，设计者打乱 26 个字母的排列顺序，把常用字母摆在笨拙的手指下，使用概率较低的字母则由灵活的手指负责，降低了相邻字键绞连的概率。这种排列方法，也沿用到今天的电脑键盘上。

在谈判中如何让对方无法说"NO"

　　两个犯罪同谋被关入监狱，不能互相沟通。如果两个人都不指证对方，则由于证据不确定，每个人只需坐牢1年；如果只有一个人指证，他将因为立功而获释，被指证者则须坐牢5年；如果相互指证，两人均须坐牢3年。结果，两个人都选择了指证对方，避开了5年的最坏结果。这个经典的"囚徒困境"故事，是美国兰德公司在1950年提出的博弈论模型。

　　在生活中，每个人都在不断地做出选择，相互之间还

需要大量的协商、合作和谈判，这就离不开博弈、推理和逻辑，而这些其实都是数学运算的结果。比如，两个人切分一块蛋糕，要想分得公平，就应当由一个人负责

来分，但由另一个人先选。因为如何切分就是博弈，后选的人需要让切分的两块大小相等就是推理，让后选的人负责切分就是逻辑。

商务谈判同样是一次博弈，要想让对方无法说"NO"，就需要让对方既接受了我们的条件，又会有"赢"的感觉。进口产品时，谈定单品价格后，可以通过增加订货量让对方降价；谈定采购总价后，可以要求对方接受贬值趋势中的币种进行结算；确定结算金额后，可以提出采用远期信用证付款。这些不断提出的要求，总体上都符合谈判双方潜在的共同利益，同时又利用一切理由和机会，提出令对方难以拒绝的要求，逐步完成谈判的整体目标。

未知探索

博弈制造以弱胜强的神话

三位枪手一起持枪决斗，彼此知道各自的枪法，甲最好，乙次之，丙最差。同时拔枪射击，竟然是甲倒下的概率最高，丙存活的希望最大。原来，甲和乙都认为丙的威胁最小，都不会把丙列为首要射杀目标。于是，实力最弱的枪手最终胜出，博弈制造了以弱胜强的神话。

黄金分割和日常生活有什么关系

　　2500年前，古希腊数学家毕达哥拉斯路过一个铁匠铺，听见打铁的声音非常悦耳。驻足细听，他发现这种悦耳的声音来自3位铁匠轮流敲打的铁锤，不同长度的铁锤分别发出不同的音调，用数学的方式进行表达的话，这种声音节奏的比例恰恰就是0.618。后来，希腊艺术家创作维纳斯雕像时，专门延长了女神的双腿，让腿长与身高的比值也达到0.618，使得整个雕像造型更加优美。

　　在生活中，神奇的0.618似乎无处不在，被人们称为黄金分割。它的具体含义指将一条直线分成两段，当较长的一段与整个直线的比值等于较短一段与较长一段的比值，并且这一比值约为0.618时，最容易让人产生美感。就人体而言，无论是臀宽与躯干的长度之比，还是眼睛与脸部的

位置之比，都奇妙地遵循着黄金分割的法则。人的正常体温是 37℃左右，在外界温度是 23℃时会感到最舒适，两种温度的比值接近 0.618。

由于具有这些特殊的美学价值，黄金分割被广泛应用在各种设计中。比如，紫禁城的"前三殿"建筑群，长宽之比与 0.618 十分接近。从大明门到景山的距离，与大明门到太和殿庭院中心的距离，比值竟然也与 0.618 相差无几。再比如，我们通常使用的数码相机，从液晶显示屏到相机整体造型的长宽比例，都体现了黄金分割。就连我们在电影院里看 3D 电影，也最好选择黄金分割点的座位，这样不仅视觉效果最好，听到的声音也最清楚。

未知探索

自然世界里的黄金分割

大自然一直用最优化的设计来造化万物。乔木高大，灌木矮小，比例都接近黄金分割。植物茎秆上相邻叶片的夹角接近黄金分割比时，通风采光的效果最佳。向日葵花盘上的籽粒左右螺旋排列的行数，比值也恰好接近 0.618，从而保证了籽粒的数量最多。

15 计算机为什么只需要认识0和1

人类最早是采用结绳的方式来计数的，每计一个数就打一个绳结。不过，随着需要计的数越来越多，到了成百上千的量级，用打绳结的办法就忙不过来了。于是，人类就根据生活观察的经验，发明了新的计数规则。比如，每有 10 个小石子的时候，就用 1 个大石子来表示，这种"逢十进一"就是十进制。当然，古代的进制也不止一种，从八进制、十二进制到六十进制都有。因为人的手指恰好是 10 个，平时用到手的地方最多，所以我们现在普遍采用的还是十进制。

不过，即便发明了进制，用绳结和石子计数也太落后了。1642 年，数学家帕斯卡发明了第一台机械计算机，操作特别复杂，只能进行加减法计算。200 年后，手摇计算器出现了，操作简单，还可以进行乘除运算。到 1946 年，人类第一次制造出电子计算机，它由 17468 个电子管和 6 万个电阻器组

成，重达 30 吨，每秒钟能够完成 5000 次运算。

到了电子计算机这里，十进制行不通了。电脑没有 10 个手指头，只有海量的晶体管。电脉冲每次"流过"晶体管，出现的只有"通"和"不通"两种状态。由于电脉冲次数可以达到每秒钟几百万甚至更高量级，晶体管的不同状态就如同算盘上的算珠，可以按照编好的程序计算运行。既然只有两种状态，计算机也就采用了二进制，只需要认识 0 和 1 即可，进位时"逢二进一"，借位时"借一当二"，非常简单方便，不仅可以用电子方式实现，而且很容易进行逻辑运算，提高了计算机的稳定性和可靠性。

未知探索

为什么感觉不到电脑是二进制的

我们使用电脑时，感觉不到它是在用二进制计算，因为科学家编好了二进制与十进制互相转换的程序，电脑会把我们输入的十进制数自动转换成二进制数进行计算，再把算出的二进制数转换成十进制数显示到屏幕上。这种程序代码的编写，就是人与电脑交流的高级语言。

16 机器人VS劳动者：帮手还是对手

　　一只几乎3米长的机械臂，灵活程度却比得上熟练技工的双手，不仅"手腕"可以实现180度转动，哪怕"手掌"上坐着两个人仍能移动自如……今天的机器人已经不再是只会下象棋、扫地板的"大玩具"，开始越来越多地成为生产流水线上的主人。

　　机器人是一种靠自身动力和控制能力来实现各种功能的机器，可以运行预先编排的程序，帮助人类执行任务或为人类提供服务。1959年，世界上第一个工业机器人被用于瑞典的一家金属制品厂。它是一个重达2吨的连接驱动臂，由磁鼓上的程序进行操控，看上去尚显笨重。随着人工智能的快速发展，现在的机器人变得智慧、灵活，汽车工厂里进行错位焊接的智能机械臂，可以在车身停留工位的53秒时间里，精确地打上148个焊点。

　　工厂取代手工作坊，机器代替手工劳动，进而给冰冷的机器赋予强大的智能，这是工业革命和科技发展的必然结果。很多

人担心：如果机器人可以完成生产或服务链条上的一切，劳动者会不会彻底丢掉自己的工作岗位？其实，人和机器人相比，终归还是可以始终占据"主人"

地位的，因为我们拥有的创造力、想象力和控制力，是那些由钢铁和电路组成的机器人所无法企及的。今天的民航客机高度自动化，有数据显示每个航班的人工驾驶时间平均只有 3 分钟，飞行员却根本没有被取代。所以，与其为机器的进步而担心自己的"饭碗"，不如立即行动起来提升自己的知识素养。

未知探索

什么是机器人三定律

20 世纪 40 年代，美国科普作家阿西莫夫提出了机器人三定律——机器人不得伤害人类或坐视人类受到伤害；除非违背第一定律，机器人必须服从人类的命令；在不违背第一和第二定律的前提下，机器人必须保护自己。当时，真正的机器人还没有在世界上出现。

大数据将会怎样影响现代工业生产

　　20世纪90年代，美国零售商沃尔玛在分析销售数据时发现，看上去毫无关联的啤酒与尿布，竟然经常出现在同一个购物篮中。原来，因为婴儿更需要母亲在家照顾，购买尿布的任务就落在父亲的身上。父亲在购买尿布的同时，往往会顺便为自己购买啤酒，如果一家超市只能买到其中一件商品，他就会改去其他超市购物。从此以后，"啤酒＋尿布"就成了沃尔玛的标准组合，总是放在紧紧相邻的区域。

　　"啤酒＋尿布"的故事，就是数据分析在现实生活中的应用案例。不同的是，随着人类社会进入信息时代，除了企业不断积攒大量客户数据和产品数据外，互联网还自动记录下海量的数据信息，包括访问的时间、登陆的网址和浏览的内容，并且可以直接对应在每一个IP地址或每一个用户上。成百万上千万网民的数字化生活，形成海量的数据储存汇总起来，从中可以分析消费嗜好、判断购买行为、预测供需变化等。

对于信息时代的工业生产，大数据的作用无法估量，正在深刻改变着工业、企业的生产和决策。比如，众多来自研发、工程、生产部门的数据集中起来，可以优化生产流程，提升企业运营效率；汇总更多来自产品销售和市场监测环节的数据，可以跟踪产品库存和销售价格，还可以满足客户个性化需求，加速向规模化定制生产转变。这就是说，大数据让现代工业生产具有了"预测未来"的功能，产品研发不再盲目，生产运转更加高效，服务客户越发精准。

未知探索

隐私透明的互联网世界

1993 年 7 月，美国《纽约客》杂志刊出一幅漫画，标题是"在互联网上，没人知道你是一条狗"。如今，随着移动互联、社交网络和电子商务的出现，大数据把每一个人的隐私都变得透明起来，互联网不仅知道屏幕前是一条狗，还清楚地知道这条狗吃喝玩乐的所有习惯。

18

在超市怎么排队才能最快结账

在超市购物，快速比较 8 个结账通道队伍的长短后，选择了一条看起来最快的队伍。结果，那些更晚来的顾客都结完账了，我们还在排队。为什么我们老是判断不准哪一条队伍更快？为什么我们的运气老是比别人差很多？其实，这样纠结真的没有必要，和我们作对的不是智商和运气，而是数学。8 条队伍孰快孰慢，不过是随机出现的结果，每一条队伍结账速度最快的概率都是 12.5%，别的队伍比我们的速度快，显然是一个大概率事件。

在生活中存在着大量的排队现象，超市结账是能够被看得见的排队，电话占线则是看不见的排队。19 世纪初期，为了研究哥本哈根的电话总机到底需要多少条线路，科学家开始通过特殊的数学方程式，精确研究电话数量、通话次数和通话时长三者之间的关系，结果发现至少需要 7 条线路，才能确保全部电话都有 99% 的可能性被马上接通。

由此开始，数学领域产生了一个新的分支，也就是我们今天所说的排队论。依据这一理论，人们可以从等待服务情况的海量数据中，分析出最接近真实状态的规律，进而对整个服务系统进行改进，提高效率和效益。

再回到超市排队的问题上，如果想让顾客都觉得自己是最快结账的人，不妨让所有结账者排成一条长队，排在最前面的人直接去刚刚空出的收银台。当然，超市也可以优先处理那些不大需要花时间的结账者，从而降低每位顾客的平均等待时间，让大家感觉舒适一点。

未知探索

排队：焦躁情绪与心理舒缓

虽然排队论可以压缩等待时间，但释放排队者的焦躁情绪依然需要心理舒缓。电梯都配有楼层显示屏，为的是减缓等待电梯的心理压力。

游乐园里面的排队区域，循环播放流行音乐或娱乐电视节目，也是为了分散游客的注意力。如今的智能手机，更是人们消磨时间的工具。

19 物联网是怎么一回事

　　公文包会提醒主人忘带了什么东西，衣服会提醒洗衣机对颜色和水温的要求；装载超重时，运货汽车会自动提醒超载重量，提出轻货重货搭配，充分利用剩余空间的方案；搬运人员野蛮卸货时，货物包装箱就会大叫一声"你扔疼我了"。2005年，国际电信联盟就曾经描绘过诸如此类物联网时代的图景。如今，我们的生活离这样的目标已经越来越近了。

　　在现实生活中，智能手机已经把人们带进了物联网，它会在车辆移动时将位置和车速数据发送出去，汇总生成实时路面交通信息提供给更多的人查询。用一句简单的话来概括，物联网就是物物相联的互联网。它可以将用户端延展到

任何物品与物品之间，通过各种信息传感装置与技术，实时采集物体的信息，实现物与物、物与人的联接，让所有能够被独立寻址的普通物理对象形成互联互通的网络。

物联网的出现，彻底颠覆了以计算机为终端的互联网时代。它能在用户不经意间完成信息的搜集，好像整个世界都充满了隐形的按钮，人们可以随时掌握物品的准确位置及其周边环境。随着物联网技术的发展进化，衣服可以"告诉"洗衣机放多少水和洗衣粉最经济，文件夹会"检查"我们忘带了什么重要文件，智能家居还能够学习用户的使用习惯去管理家居生活。它更可以智能感知大气、土壤、森林、水资源的数据变化，实时监测环境的安全状况，提前预防、实时预警，降低灾害对人类的威胁。可以说，物联网就是下一个推动世界高速发展的重要生产力，也是"中国制造"升级为"中国智造"的助推器。

未知探索

什么是互联网

互联网（Internet）是由一些使用公共协议互相通信的计算机联接而成的全球网络，1969 年 12 月最先出现在美国，首先被用于军事目的，并且把 4 所大学的 4 台计算机联接起来。

20

蛤蟆搬家为什么不能预报地震

　　观测蛤蟆搬家，到底能不能预报地震？我们不妨先来做一道数学题。假设蛤蟆迁移的概率为 P_1，发生地震的概率为 P_2，地震后发现震前出现蛤蟆迁移的概率为 P_3，蛤蟆迁移后会发生地震的概率为 P_4，那么究竟是哪一种概率最能证明蛤蟆迁移是否可以预报地震呢？毫无疑问，答案应当是 P_4。至于 P_1、P_2 和 P_3，至少对于回答这个问题没有什么用处。

　　中国处于环太平洋地震带和亚欧地震带之间，是一个地震多发国家。2022 年，全国共地震 798 次，其中 6 级以上地震 10 次。但是，如果到微博上搜索一下，蛤蟆迁移的现象在很多地方都曾经出现过。这样一算，P_4 的数值显然非常之低，即便蛤蟆迁移后会发生地震的概率达到万分之一，也比瞎蒙强不了多少，根本无法用来预报地震。

你们生下的每一个孩子，都有 1/4 的概率患上遗传病……

通过这样一道概率题，我们不仅可以弄明白蛤蟆搬家不能预报地震，还可以认识到学习一点统计分析方法的重要性，至少具有一些基本的数学素质，就不会让一个人成为"科（普）盲"。医生为一对夫妇进行身体检查后提醒说，如果他们准备生育孩子的话，新生儿患遗传病的可能性为1/4。如果这对夫妇以为只要生下4个孩子，就一定可以有3个孩子完全健康，那就误解了概率的本意。医生想要表达的是，这对夫妇生下的每一个孩子，都有1/4的概率患上遗传病。这就是说，一个人知道的概率统计和概率分布知识越多，就越容易清楚工作与生活中出现的不确定性，少犯一点常识性的错误。

未知探索

数据到底会不会说谎

第二次世界大战时期，盟军分析了轰炸机被德国炮火击中的情况，发现机翼的弹孔最多，便要求加强机翼装甲，降低被炮火击落的危险。但是，统计学家却建议加强弹孔最少的座舱与机尾，因为统计样本是能够回来的受损飞机，这意味着更多被击中座舱和机尾的飞机已经无法返航。

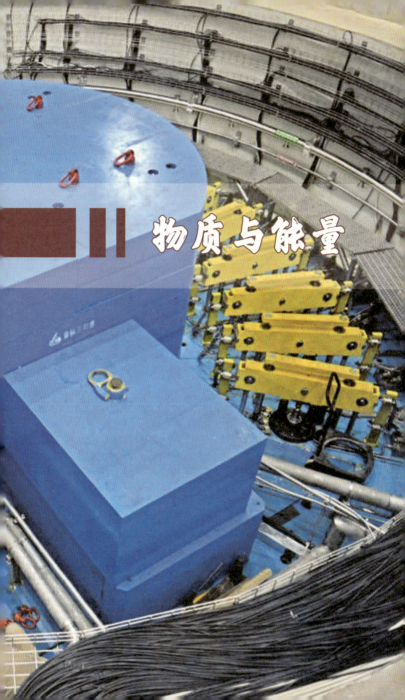

物 质 与 能 量

21

厂房里的粉尘为什么会突然爆炸

提起爆炸，人们首先想到的往往是炸弹引爆时的轰天巨响，却忽略了悬浮在空气中的粉尘也有同样的威力。死亡 1549 人——这是世界上最大煤尘爆炸事故留下的惨痛数字，发生在 1942 年的本溪煤矿。随着工业化的极速发展，包括煤尘爆炸在内的各种粉尘爆炸事故时常出现，严重危害着工业生产和劳动者生命安全。

依据形态不同，物质主要分为固体、液体和气体。凡是呈细粉状的固体物质都被叫作粉尘，它们暴露在空气中的表面积，远远大于同样重量的块状固体物质。1 克煤的表面积不到 6 厘米^2，1 克煤尘的表面积竟然能够达到 2 米^2，这意味着它们与空气的接触大大增加了。

粉尘有可燃和不可燃之分，泥土和水泥属于不可燃粉尘，不会发生粉尘爆炸。但是，厂房里的粉尘大多属于可燃粉尘。除了煤炭、

粉尘爆炸的三个条件

可燃性粉尘以适当的浓度在空气中悬浮，形成人们常说的粉尘云

有充足的空气和氧化剂

有火源或者强烈振动与摩擦

金属（镁粉、铝粉）、林产品（纸粉、木粉）和合成材料（塑料、染料）外，粮食（小麦、淀粉）、饲料（血粉、鱼粉）和农副产品（棉花、烟草）也在其列。

在生产过程中，大量的可燃粉尘与空气混合，形成可燃气体。一旦遇到火源或者强烈振动，悬浮的粉尘就可能瞬间释放大量燃烧热，进而发生爆炸，破坏力往往超出想象。比如，铝粉爆炸产生的压力，相当于每平方米瞬间增加 63 吨的重量，同时伴随 2000℃以上的高温。更可怕的是，强大的气流还会把沉积在地面或设备上的积尘吹扬起来，引发二次爆炸，甚至产生有毒气体。

未知探索

当心！生活中也有粉尘爆炸

粉尘爆炸只会出现在厂房？错了！一些文艺演出、体育赛事和公共娱乐活动，会向空中喷撒可燃性彩色粉尘，用来烘托现场气氛和效果。这种彩色粉末其实就是玉米淀粉，属于可燃粉尘，一旦使用不当，也可能在活动现场的人员密集区产生粉尘爆炸，造成群死群伤事故。

22

车刀为什么可以做到削铁如泥

　　凡是读过《水浒传》的人，都会记得杨志卖刀的故事。杨志夸赞自己的宝刀有三大优点，一是"砍铜剁铁，刀口不卷"，二是"吹毛得过"，三是"杀人刀上没血"，并挥刀把一摞铜钱剁成两半。在中国古代的宝刀故事里，关羽的青龙偃月刀最出名。可惜，这种刀其实出现在唐宋时期，大多用在朝廷礼仪或是戏曲舞台，还真没怎么上过战场，更谈不到削铁如泥了。

　　为了打造锋利无比的刀，古代的人想了很多办法。比如，加入锡改变铜的机械性能，纯铜就成了强度更高的青铜。他们又发明出淬火工艺，把刀加热到炽红色，迅速放到水、盐水或油中搅动，并在最恰当的温度时取出来，刀的硬度就会有一个很大的提升。此外，把刀口磨得尽量薄而尖，也是为了通过减小受力面积来增大压强，让刀口更加锋利。

不过，和现代的车刀比起来，古代那些宝刀就有点"小巫见大巫"了。在 1900 年举办的巴黎博览会上，一副高速钢刀具安装在高速运转的车床上，围观者惊讶地看到，锋利而炽热的刀口轻松地切割着坚硬的金属材料。从那时到现在，车刀的性能日臻提升，特别是硬质合金刀具的出现，更让车刀的硬度有了飞快的提升，真正进入了削铁如泥的时代。即便在车床的高温下，车刀仍能保持足够的抗弯强度和冲击韧性，各种加工材料在刀口下如同橡皮泥一般，从外圆、内孔、端面、螺纹到车槽，巧夺天工，随心所欲。

未知探索

硬度越高的车刀越厉害

硬度就是物体表面抵抗其他物体侵入的能力。硬度越高的物体，越有可能侵入硬度低的物体中。例如，钢的硬度比木头高，小刀就可以轻松地刻到木头里。但是，钢的硬度没有玻璃高，不管多锋利的小刀，在玻璃上都很难划出一道痕迹。至于玻璃刀，用来切割的部分已经不是钢了，而是比玻璃硬度更大的金刚石或者合金材料。

23 声音离开了空气还能传播吗

  1932 年夏天，"塔依梅尔号"探险船正在北极地区进行气象探测。一位气象学家放飞探空气球时，无意中把耳朵贴在气球上，耳膜深处顿时感到一阵剧烈的刺痛，忍不住大叫了起来。当天晚上，强烈的风暴席卷而来。气象学家百思不解，在航海日记里记下了这件奇怪的事情。

  当然，问题的答案现在已经清楚了。风暴不断掀起海浪撞击海面，产生一种频率很低的声波，遇到气球产生共振，刺激人的耳膜形成疼痛。和风暴移动的速度相比，这种声波的传播速度更快，于是，人们设计出可以接收风暴声波的电子设备，提前预报风暴的大小和方向。

  声音是一种压力波，人类用声带说话，自然界的物体互相碰撞，都会让周围的空气出现振动，这就产生了声波。每一秒钟内振动的次数叫作频率，单位是赫兹。人耳可以听到的声波，在 20 ~ 2 万赫兹。高于 2 万赫兹的声波是超声波，低于 20 赫兹的声波则是次声波，人耳无法听到，有些动物却可以听得很清楚。

海鸥在风暴来临前销声匿迹，或许就是因为听到了海浪相撞产生的次声波。

声音的传播在真空中是无法进行的，需要借助于各种不同的物质。空气当然可以传播声音，液体和固体也可以。除了个别的例外情况，声音在固体中传播的速度最快，在铁中可以达到 5200 米/秒；液体次之，在海水中可以达到 1531 米/秒。相比之下，在空气中竟然是最慢的。只有 346 米/秒。这就是说，物质的密度越大，声波在其中传递的速度就越快。

未知探索

为什么自己的声音听上去不一样

我们平常听到自己说话的声音，包括通过空气传播由耳道传入的声波，也包括口腔、鼻腔和脑腔的共鸣混响。两相比较，通过骨头传递到耳朵内的声音，衰减和变化比较小，频率下降，音调也随之下降。两种声音混合在一起，就会觉得我们直接听到的自己的声音和经由录音设备播放出来的不一样。

24

激光和声波到底有没有关系

在以往的间谍战中，特工需要冒着生命的危险，潜入敌方房间安装窃听器。如今，现代化的激光窃听系统出现了，只需要通过发射器把激光投射到房间的玻璃上，玻璃随着说话的声波产生的轻微振动，就会反射到接收器转化为信号，可以从耳机里听得清清楚楚。由于红外激光无法用肉眼看见，而且窃听的距离可以达到 500 米，着实令人防不胜防。

激光并不是汇聚声波产生的，而是原子把能量以光子队列的形式发射出去形成的。何况，光速要比声速快得多，所以我们总是先看到闪电，然后才能听见雷声。光子队列的外表、行为和特性完全一样，几乎没有方向偏差。

1962 年，人类第一次使用激光照射 38 万千米外的月球，激光束在月球表面投射的光斑宽度不到 2 千米。光束高度集中，能量密度自然极高，这让激光成为"最亮的光""最快的刀"和"最准的尺"。一台巨脉冲

红宝石激光器发出的激光，比太阳要亮 200 亿倍，尽管总的能量煮不熟一枚鸡蛋，却能穿透 30 毫米厚的钢板。

当然，人类发明激光，可不是仅仅为了进行窃听。在高科技战场上，激光武器可以实现精确打击，不受电磁干扰，在一瞬间立刻击中目标。在日常生活中，激光美容不仅能够治疗眼袋，还能够去除文身、洁白牙齿，把医学美容推进了一大步。激光在工业上的应用更是非常广泛，从激光打标、激光焊接、激光切割、激光通信、激光测距到激光扫描，几乎无所不能，既可以提高产品工艺的精度，同时又能够节约成本。

未知探索

别让激光伤害人的眼睛

如果激光直接照射人的眼睛，将会造成比较严重的伤害。大量的光能瞬间集中在视网膜上，容易使感光细胞坏死而失去感光作用，引起角膜炎和结膜炎，出现眼球充血和视力下降，甚至可能造成永久失明。因此，工作场所要设立"激光危险"的标志，佩戴激光防护眼镜。

25

辐射和放射性对人体有什么危害

几乎每个人都有手机，手机信号的传递离不开基站。有段时间，手机运营商很难找到建立基站的地点，因为人们开始担心基站的辐射会影响身体健康。僵持之中，科学家的测试结果发挥了作用——基站发射功率虽然比手机大，但由于手机距离人体更近，最终还是手机产生的辐射量更大。更重要的是，无论哪一种手机的辐射，其实都在安全标准之内。

让儿子喝杯绿茶，吃一个橘子……

物理学告诉我们，任何温度高于绝对零度的物体都会产生辐射，同时人类至今还没有发现任何等于或者低于绝对零度的物体。这就是说，尽管辐射既看不见也摸不着，却在生活中普遍存在，无论是看电视、晒太阳、乘飞机还是拍X光片，每个人都躲不开辐射。当然，这些辐射大多不会对人体构成伤害。假设一个人每年要上班300天，每天2次经过安检仪，全年中受到的辐射总量仅为安全标准的1/14000。即使安检仪的铅帘破损严重，这个人全年受到的辐射总量也仅为安全标准的1/120，对健康的影响依然可以忽略不计。

和辐射比起来，放射性似乎更让人闻之色变。原子核在进行结构或能量状态转化时，发射出粒子或电磁波，包括 α 射线、β 射线和 γ 射线等。它们过多侵入人体后，可能打断 DNA 链或者改变 DNA 分子的结构，引起 DNA 的变异。严重的时候，它还会增加癌症、畸变和遗传性病变，甚至影响几代人的健康。目前，人类已经发现了109种元素，其中92种是在自然界中存在的，人工制造的只有17种，所以不能说所有的放射性现象都是人为造成的。

未知探索

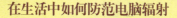

在生活中如何防范电脑辐射

只把屏幕关掉而不关闭主机，电脑辐射仍然存在，因为电脑机箱里的各部件也会产生辐射。在电脑旁边摆放仙人掌，其实并不会吸收或屏蔽电脑辐射。最简单的办法是每天上午喝 2～3 杯绿茶，绿茶不但能消除电脑辐射的危害，还能保护和提高视力。

26 我们的身体为什么离不开微量元素

20世纪50年代，在日本熊本县水俣湾附近的小渔村里，怪事接连发生。温顺的小猫突然抽筋麻痹，跳入海水自溺而死。一些渔民变得口齿不清、步态不稳，严重者甚至耳聋眼瞎、全身麻木，最后精神失常。原来，当地氮肥厂的废水污染了海域，猫和渔民长期食用含汞超标的鱼类后，引起了甲基汞慢性中毒。

这起震惊世界的"水俣病事件"，工业废水是"罪魁祸首"，汞元素被列入了"黑名单"，很多微量元素也跟着背了"黑锅"。幸好，科学研究早已证明，人的生存和健康根本离不开微量元素，人们不能因为一次由汞引发的悲剧，就给所有的微量元素贴上有害的标签。

在人体内已经检验出的 90 种元素里，氧、碳、氢、氮"四大家族"至少占到 95%，钙、磷、钾、硫、钠、氯、镁的含量也不少。除此之外，那些含量不足 0.01% 的元素则统

缺碘

称微量元素。其中，铁元素只占 0.006%，锌元素只占 0.0033%，钴元素甚至还不到十亿分之一。迄今为止，已被确认的人体必需的微量元素有 18

种，包括铁、铜、锌、钴、锰、铬、硒、碘、镍、氟、钼、钒、锡、硅、锶、硼、钶和砷。

元素对人体的重要程度，不能以含量多少来衡量。微量元素含量极小，却维持着人体的新陈代谢。比如，缺铁可能引起缺铁性贫血，缺铬可能引起高血脂病和动脉粥状硬化，锰更是与遗传信息的携带者核酸的正常代谢密切相关。就连在日本引发水俣病的汞，当保证在安全剂量时也具有人体必需的功能。在抗病、防癌、延年益寿等方面，微量元素的重要作用就更不容小觑了。

未知探索

微量元素影响人类心理健康

微量元素在人体中含量的多少，直接影响到人的智力和情绪。缺钙容易使人变得敏感、情绪不稳定，注意力难以集中。缺碘容易造成心理紧张，影响精神状态，甚至导致智力障碍。缺硒容易引起甲状腺功能的下降，降低机体的免疫功能，引起各种抑郁症状的发生。

27 世界上的物质是由什么构成的

　　从大地、河流到食物、棉布，从煤炭、钢铁到纤维、塑料，我们所处的世界是由物质组成的，人体本身也是如此。固体物质和液体物质，看得见又摸得着，认识起来不费周折，气体物质则麻烦一些。古代的哲学家观察到，风能够将小树吹弯枝干，烧开的水中会冒出气泡，由此揣测存在着空气这种物质。不过，人类直到17世纪才证明，空气和固体、液体一样具有重量。

　　物质的形态多种多样，它的构成却"万变不离其宗"，都离不开原子。原子是化学反应不可再分的基本微粒，不同的排列形式产生了不同的物质。人类在未来的科技世界里，将煤炭中的原子重新排列，也许就能得到钻石；向沙子中加入一些微量元素，并将原子重新排列，也许就能制成电脑芯片。

未知探索

走进暗物质的隐秘世界

　　暗物质是一种比电子和光子还要小的物质，不带电荷，不与电子发生干扰，能够穿越电磁波和引力场。它的密度非常小，却是宇宙的重要组成部分，总质量相当大。暗物质无法被人类直接观测到，但它能干扰星体发出的光波或引力，所以人类可以明显感受到它的存在。

土壤、水和空气的原子重新排列后，也许就能生产出马铃薯。

　　然而，所有这些变化光靠原子也不行，因为分子才是能够在物质中独立存在，并且保持物质一切化学特性的最小微粒。分子有大有小，小的分子只有很少几个原子，大的分子则由几万个原子组成。在通常的情况下，原子先构成分子，再由分子构成物质。但是，有些物质也可以由原子直接构成，比如金刚石、石墨、晶体硅、石英和金刚砂等。至于原子的构成，则是由位于原子中心的原子核和更微小的电子组成的，这些电子绕着原子核的中心运动，就像太阳系的行星绕着太阳运行一样，只是我们靠肉眼根本无法看到罢了。

28 人类为什么制造不出永动机

800 多年前的欧洲，人们正在挣脱中世纪的愚昧，永动机的构想吸引着许多科学狂人。其中，法国人亨内考设计的永动机方案最为著名——轮子中央有一个转动轴，轮子边缘安装着 12 个可活动的短杆，每个短杆的一端装有一个铁球。亨内考认为，右边的球比左边的球离轴远些，存在更大的转动力矩，轮子就会一直转动下去，并且带动机器开始运转。

亨内考的设计听上去有模有样，很快被制造成各种各样的模型。可惜，永不停息的转动却从来没有出现过，轮子只是摆动几下便停了下来。后来，达·芬奇也设计过类似装置，实验照样没有成功。接踵而来的失败，终于让人们认识到，任何机器的运动都需要消耗能量。随后，法国科学院宣布永远不再接受对永动机设计的审查申请，美国也严禁将专利证书授予永动机类申请。

能量守恒定律的问世，更从"运动不灭"的高度宣判了永动机的"死刑"。自然界的能量可以转化为不同的形式，可以从一个物体传递给另一个物体，能量的总和却始终保持不变，既不会凭空产生，也不会凭空消失。比如，一个钢球从高空落下，势能就会转化为动能和内能；一个人使劲推挪地板上的箱子，人的内能会转化为与箱子和地板相关的动能、势能和内能，能量的总值还是原来那么多。显然，不消耗能量就能永远对外做功的机器，违反了能量守恒这一自然科学最基本的定律，在现实中根本不会存在。

未知探索

焦耳的热功当量实验

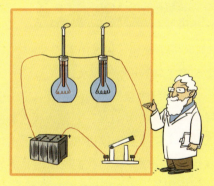

焦耳的父亲是一位英国酿造商，优越的家庭条件让他可以安心进行科学研究。1843 年，他通过实验发现，自然界的能量是不灭的，机械能在被消耗的同时，一定会产生同样量值的热，热只是能的一种形式。如今，为了纪念他的贡献，国际单位制中采用焦耳为热量的单位。

29

为什么生命离不开
空气和水

我不渴！

万一出现了被困于绝境的极端情况，一个人到底能够生存多久呢？不吃饭的话，一个星期没有问题，甚至可以坚持更长时间。不喝水的话，大概只能坚持 3 ~ 5 天。但是，如果不呼吸空气呢？通常来说，根本用不了 5 分钟，人就会窒息而死。生命，确实离不开空气和水。

人要呼吸空气，为的是吸入空气中的氧气。氧气在空气中的含量约为 21%，它被人吸入肺脏后，透过细支气管末梢的上亿个肺泡膜进入血液，再由红细胞通过动脉系统输送到全身组织中。我们吃下的营养物质，由氧气负责氧化转成能量，用来维持生命。实验显示，人呼出的气体中，氧含量大约为 14%，比吸入时降低了 7%，因为它们在人体内被消耗了。

至于占到空气含量 78% 的氮气，同样与人的生命息息相关。氮气经过微生物的作用进入土壤，被植物吸收转化为蛋白质，成为人延续生命离不开的营养物质。大自然奥妙无穷，我们不用担心空气用光了怎么办。就拿氧气来说，地球上有那么多植物，白天吸入二氧化碳，同时释放氧气，这种光合作用始终维持着氧气平衡。

没有水，同样也没有生命。一个人身体内的水，大致占到体重的70%。具体到血液里，水分占到90%。水是身体能量的主要来源，可以参与人体内营养物质的吸收、消化和代谢，还具有调节体温、提高机体免疫力等功能。人的一生将消耗近百吨的水，并且大约在两周左右时间，体内的水就会全部更新一次，从而保持生命的活力。

未知探索

怎样科学地补充身体的水分

饮水的质量和习惯，影响着人的健康状况。在通常情况下，一个人每天到底应当摄取多少水，可以按照每千克体重补充40毫升水来估算。体重60千克的成年人，每天的食物中含有800～1000毫升水分，这就意味着还要直接补水1400～1600毫升，大致需要喝6杯水。

30

纳米技术在日常生活中有什么用处

　　荷叶为什么出淤泥而不染？壁虎为什么可以飞檐走壁？你能想到吗？问题的答案竟然与纳米有关。荷叶拥有我们看不见的纳米细微结构，泥水极难黏附，只要有风吹过，荷叶上的水珠就会滑落，同时带走叶面上的灰尘。壁虎的每个脚趾上，生有上百万根细小的刚毛，每根刚毛的末端又分叉形成数百根更细小的绒毛，特殊的纳米结构让它的脚趾产生超强的吸附力，可轻松地在墙壁和天花板上自由攀爬。

　　纳米和厘米、分米、米一样，是一种长度单位。氢原子是世界上最小的原子，把10个氢原子排成一条线就是一个纳米的长度，等于1米的10亿分之一。打个比方，把一个纳米

大小的物体放到乒乓球上，就像把一个乒乓球放在地球上差不多。随便拔下一根头发，这根发丝的直径就有8万纳米。在不超过100纳米的长度内，把原子、分子和粒子操控组装成新材

料，这就是纳米技术。

纳米技术让物质的性能发生突变。碳纳米管的细度仅为头发丝的 5 万分之一，密度只有钢的 1/6，强度却是钢的 100 倍，是制造防弹衣的最好材料。用纳米制造成的微型机器人，比血液里的红细胞还要小，能够被注射进病人的血管，疏通血栓，清除心脏动脉的脂肪，"嚼碎"泌尿系统的结石。采用纳米粉末对污染物进行降解，废水可以彻底变清，完全达到饮用标准。电子行业已经推出 2 纳米的芯片，性能比以往最先进的芯片更为强大。随着物联网设备的激增，纳米技术的应用市场将在 2030 年超过 300 亿美元，将给人类生活带来更多的惊艳变化。

瓷砖表面涂上不易吸附污物的纳米薄层……

未知探索

纳米技术的灵感来自哪里

纳米技术的灵感，来自美国物理学家理查德·费曼。他大胆地提出，"物理学的规律并不排除一个原子一个原子地制造物品的可能性"。此后，科学家使用一种称为扫描探针的设备，慢慢移动 35 个原子组成了 3 个字母。费曼提出的组装原子的设想，由此变成现实。

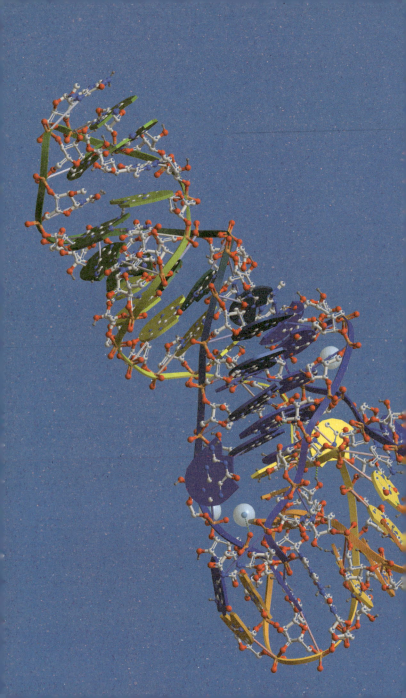

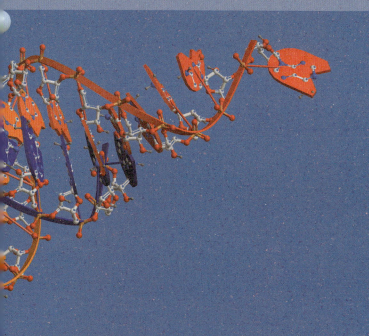

生命与健康

31

人类离恐龙生活的年代有多远

　　科学家利用困在琥珀里的远古蚊子的血液，提取出恐龙的基因信息，培育繁殖出不同种类的恐龙。因为一次事故，所有的恐龙逃出了控制区，公园里的人们没有逃过恐龙的魔爪，幸存者寥寥无几……这样的惊险故事，是好莱坞电影《侏罗纪公园》中的情节。但是，在漫长的生物进化史上，人类和恐龙真的遭遇过吗？

　　迄今为止，我们发现的最早的现代人牙齿化石，距今天大约40万年。即便是从古猿算起，距今也不过1400万年。至于曾经独霸地球的恐龙，最早出现在2.3亿年前的三叠纪，最终在6500万年前的白垩纪晚期灭绝。

　　生物的进化充满着玄奇。地球诞生于46亿年前，经过几亿年的变化，诞生了最初的生命。接下来，地球用了20亿年诞生真核生物，

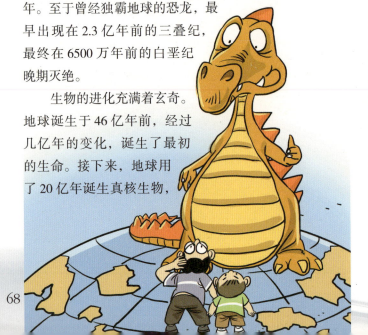

用 15 亿年诞生了复杂的多细胞生命。相比起来，人类的诞生就如同刚刚发生的事情。在整个生物进化过程中，因为环境尤其是气候的大幅改变，大规模的物种灭绝出现过 5 次。其中，二叠纪灭绝让大约 95% 的海洋生物与 70% 的陆地动物消失，白垩纪灭绝则把可能多达上千种的恐龙全部变成了化石里的历史。

按照生物学家的说法，如果今天有 3000 万活着的物种，假定一个物种平均存活 10 万年，那么从生命起源直到今天，可能有多达 500 亿个物种生存过。但是，只有一个物种获得了足以建立文明的智力——人类。

未知探索

生物进化的时间表

6 亿年前，藻类与软体无脊椎动物出现。古生代期间，大多数现代动物在分类上的"门"已经形成，植物与节肢动物开始登上陆地。从中生代开始，以恐龙为主的爬虫类与裸子植物逐渐支配地球。6500 万年前之后则称为新生代，哺乳类、鸟类与能够为开花植物授粉的昆虫开始进化。

32

DNA是如何传递生物遗传信息的

曹操是中国历史上耳熟能详的人物，他的身世却一直模糊不清。按照《三国演义》中的说法，"操父曹嵩，本姓夏侯氏，因为中常侍曹腾之养子，故冒姓曹。"所以曹操是夏侯家族的后代。正史《三国志》则语焉不详，谨慎地表示曹操乃是"汉相国参之后"，"莫能审其生出本末"，把谜团留给了后人。到了2013年，复旦大学通过现代基因反推和古DNA检测的双重验证，确认曹操既非夏侯氏后人，也非汉代丞相曹参的后代。

DNA能够解开曹操的身世之谜，是因为它承担着传递生物信息的使命。DNA即脱氧核糖核酸，是一种双链结构的分子，由脱氧核糖及四种含氮碱基组成。其中，带有遗传信息的DNA片段称为基因，负责引导生物发育与生命机能运作。

科学研究证实，组成简单生命需要 265 ~ 350 个基因。人类全身细胞大约有 400 万亿个。除了红细胞，每个人体细胞都由 22 对常染色体和 1 对性染色体组成，基因数量在 2 万 ~ 2.5 万个。DNA 既能够携带遗传信息，又能够自我复制传递遗传信息，还能够让遗传信息得到表达，并且能够突变并保留突变。

事实上，掌控所有生物遗传规律的东西，就是 DNA 和它所包含的基因。不同生物的进化过程不同，是因为 DNA 和基因运作轨迹不同。今天，基因工程已经成为解开生命奥秘和防病治病的有效途径，治疗糖尿病的胰岛素和对付实体肿瘤的干扰素，都是这一工程的产品。

未知探索

亲子鉴定到底有多准

鉴定亲子关系用得最多的是 DNA 分型鉴定，人的血液、毛发、唾液和口腔细胞，都可以用来进行亲子鉴定。利用 DNA 进行亲子鉴定，只要做十几至几十个 DNA 位点做检测，如果全部一样，就可以确定亲子关系。

33 为什么说父亲的基因决定了孩子的性别

"找只公鸡，把尾巴上最长的三根毛拔下来，和丈夫的指甲、头发一起用红布包好，放在孕妇床单下"，这是流传民间的生男孩秘方。互联网上，不仅有清宫秘藏的生男生女预测表，还有输入怀孕月份和年龄就能得出结果的"生男生女计算器"。其实，决定生男还是生女的因素，根本不是什么月份、年龄或者公鸡，而是基因和性染色体。

所有生物的细胞内都有一种叫作染色体的东西，里面压缩存放着载有遗传信息的遗传物质。染色体是成对存在的，人的46条染色体分为23对，包括1对性染色体和22对常染色体。不同的是，男性的性染色体中，一个是X染色体，另一个是Y染色体。女性则是两个X染色体。这样一来，女性只能产生一种卵子（22+X），男性却产生两种精子（22+X或22+Y）。如果"22+X"

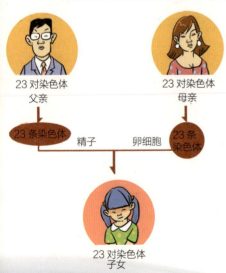

23 对染色体
父亲

23 对染色体
母亲

23 条染色体 精子　卵细胞 23 条染色体

23 对染色体
子女

父亲的基因决定了孩子的性别……

型的精子与卵细胞结合，受精卵将发育成女性。"22+Y"型的精子与卵细胞结合，受精卵将发育成男性。父亲的基因决定了孩子的性别，就是在这个环节。

性染色体也好，常染色体也好，作用都不容小觑，分别影响着生物不同的性状特征。比如，植物开的花到底是什么颜色，结出的果实到底是什么形状，都是由基因决定的。人的 46 条染色体含有上万对基因，一旦某些基因出现突变，还会导致各种遗传性疾病以及恶性肿瘤、心血管疾病的发生。

未知探索

环境影响生物性状

在基因之外，环境因素也有可能改变生物的性状表现。长期晒太阳的非黑色人种，肤色也会变黑。如果遇到严重干旱，农作物会变得叶片发黄、植株矮小、产量骤减。不过，这些环境条件所引起的生物性状改变，有些可能会改变生物个体的基因，有些则不会改变基因，不会遗传给后代。

34

抗生素为什么有时候变得不管用了

　　1929 年 9 月，英国细菌学家弗莱明度假归来回到实验室，偶然在培养细菌的培养皿中发现，从空气中落在培养基上的青霉菌长出的菌落周围，竟然没有细菌生长。他意识到，一定是青霉菌产生了某种化学物质，杀死了培养基里的细菌。这种化学物质便是人类最先发现的抗生素——青霉素。

　　抗生素是由微生物产生的化学物质，能够抑制微生物和其他细胞增殖。青霉素的发现，开启了人类使用抗生素制服细菌感染的新时代。第二次世界大战期间，青霉素成了十分重要的战略物资，美国甚至把研制青霉素放在与研制原子弹同等重要的地位。半个多世纪过去了，科学家迄今已经发现了近万种抗生素，其中几百种已经成为临床上常用的药品。

　　抗生素一度被视为对付一切疾病的神奇武器，滥用现象也在医院和家庭中大量出现，这相当于人们

在用自己的身体培养"超级耐药菌"。随着病菌耐药能力的增加，以往神奇的抗生素变得越来越不管用了，迫使医生不得不使用药效更强的抗生素，结果又导致病菌产生更强的抗药性，各种超级病菌相继诞生。只有通过控制抗生素的使用，减慢耐药细菌的蔓延。

说到抗生素，就要提到病毒。很多人认为，抗生素能够杀死病毒，这其实是大错特错了。抗生素是通过干扰细菌细胞壁的合成，达到杀菌效果的。可是，病毒却没有细胞壁，只是一种寄生在活细胞内的非细胞微生物。所以，要想杀死病毒，还得在抗生素之外多想办法。

未知探索

在生活中如何减少抗生素滥用

不要自己决定是否用药。抗生素是处方药，须经过医生的判断再使用。不要自己停药或减量，抗生素并非用量越少越好，不足量的使用更容易催生耐药性。不要追求新的、高档的抗菌药物。无论何时，消毒和隔离都是对付病菌的好方法。

不要自己停药或减量，抗生素并非用量越少越好……

35

我们是不是离乙肝患者越远越好

听说工友确诊了"大三阳"，成了乙肝病毒携带者，整个工棚马上进入戒备状态：没有人敢碰他的东西，也没有人再和他一起去食堂吃饭；他偶然碰了一下室友的手，室友赶紧跑到水房拼命冲洗……在现实生活中，很多人谈乙肝而色变，恨不得离乙肝患者越远越好。

直到第二次世界大战前，乙肝还是一个充满未知的谜。人们只知道它每年导致上千万人死亡，却不清楚它是由什么病毒引起的，更不清楚它的传播渠道。在20世纪60年代的美国，医疗血液还依赖乙肝高发的有偿献血者提供，几乎一半接受输血的患者出现肝炎病征。1972年，美国才通过法律，要求所有献血者要进行血液筛查。

乙肝病毒是一种DNA病毒，完整的乙肝病毒成颗粒

状。一旦患上乙肝，人会出现乏力、畏食、恶心、腹胀、肝区疼痛等症状。中国属于乙肝高发区，家族性传播是主要原因。尽管可以通过接种

疫苗进行预防，但由于经济条件限制以及公众缺乏预防意识，乙肝防疫盲点不少，直接导致慢性病例越来越多，这更加深了人们对于乙肝的恐惧。

这些接触都不会传播乙肝病毒。

其实，乙肝病毒主要通过母婴传播、血液传播和性接触传播，根本不能在空气中存活和复制，不会从呼吸道侵入人体，即使身边的乙肝患者打喷嚏或咳嗽，都没有感染的可能。世界卫生组织早已明确提出，共用餐具、母乳喂养、拥抱、礼仪式接吻和握手都不会传播乙肝病毒，公共游泳池和公共浴室同样没有危险。

未知探索

"大三阳"和"小三阳"

"大三阳"和"小三阳"并非医学术语，只是人们对于乙肝病毒检查结果的简称。除了表面抗原和核心抗体检测均为阳性外，E-抗原为阳性的是"大三阳"，传染性相对较强，"小三阳"则是E-抗体为阳性。它们并不能反映肝脏功能是否正常，不能用来判断病情的轻重。

36

接种疫苗能够治疗各种传染病吗

在 18 世纪的欧洲，天花依然是最可怕的疾病，患者死亡率高达 10%，幸存者也大都变成了麻子。1796 年 5 月，英国医生爱德华·琴纳找到一位挤牛奶的姑娘，从她身上采集出牛痘疮疹的浆液，又用柳叶刀在一个小男孩的手臂上划了几道，把牛痘浆涂抹在伤口处。小男孩感染了牛痘，并很快痊愈。两个月后，琴纳医生又拿起了柳叶刀，这次给小男孩涂抹的却是天花浆液。令人惊喜的结果出现了——小男孩并没有感染上天花！

以现代医学的眼光看，这位英国医生的举动过于鲁莽。但是，正是凭借琴纳发现的可用于接种的牛痘疫苗，人类取得了用疫苗迎战恶性传染病的第一场胜利，肆虐几百年的天花病毒被彻底消灭。如今，用于疾病防治的疫苗有 20 多种，许多疫苗被列为强制免疫，由政府免费向公民提供。在中国，乙肝疫苗、脊髓灰质炎疫苗、麻疹疫

苗、流脑疫苗均在其中。

顾名思义，传染病最大的特点就是传染，可以从一个人或其他物种，经过空气、飞沫、接触等途径，不知不觉地传染给另一个人。随着交通日益发达，人员流动频繁，病毒可以飞快地蔓延到世界各地，疫苗已经成为人类用来控制传染病的超级武器。尽管它不能直接治疗传染病，却可以让疫苗接种者产生免疫能力，让四处传播的病毒"到此为止"，从而起到切断传染源的作用。当然，人们也需要注意改变自己的生活方式，增强免疫能力，不让各种传染病轻易攻破人体的防线。

未知探索

瞧，这些"懒惰"的寄生物

病毒不能代谢养料，不能产生能量，存在的目的就是为了感染生物并扩增数量，属于一群最"懒惰"的寄生物。在一个玻璃杯中装满海水，里面就有上百亿个病毒。如果把地球上的病毒连成圆链，以光速跑完一圈需要两亿年。幸好，绝大多数病毒不会对人类造成危害。

37

食品添加剂和违法添加物是一回事吗

长春一位消费者做过一个统计，发现自己每天竟然吃下21种食品添加剂。早餐：奶酪＋面包＋蓝莓果酱＋牛奶，其中有12种添加剂；午餐：尖椒炒牛肉＋西红柿炒鸡蛋＋米饭，有7种添加剂；晚餐：麻婆豆腐＋菠菜海带汤，有3种添加剂（1种与午餐重复）。消息传出，舆论一片哗然，连声疾呼要加强对食品添加剂的管理，保障人体健康。

如今，除了新鲜肉类和蔬果，食品添加剂在日常饮食中普遍存在。这种人工合成或天然存在的物质，能够改善食品的色、香、味等品质，同时满足食品加工和防腐的需要。举例来说，肉类中的脂肪容易被氧化，释放出许多挥发性的小分子，闻上去有一种"哈喇味"。抗坏血酸加入以后，便会抢先消耗周围的氧气，保护油脂不被氧化，有助于保持肉味的新鲜。我们日常所用的酱油，里面也含有防腐剂，而在烹饪中不使用酱油几乎是不可能的事情。

我不吃添加剂……

不含任何食品添加剂……

现代人对于食品安全或者马虎大意，或者过度恐惧，这都是科普知识不够"惹的祸"。有些人认为，高温和煮沸可以杀灭食品中的所有病菌。其实，那些含有放射性物质的牛奶，即便反复煮沸也不能饮用，因为煮沸过后放射性依然存在。在食品添加剂的问题上，很多人因为缺少科学常识，所以把食品添加剂和非法添加物混为一谈，把食品添加剂的使用和滥用画上了等号，闻"添加"而色变，甚至把三聚氰胺、苏丹红的罪恶都记在食品添加剂的头上，这也是一件不公平的事情。

未知探索

"零添加"食品就是最安全的食品吗

市场上的一些食品标榜为"零添加食品"，也就是不含任何食品添加剂。其实，在现代食品工业中，完全不使用食品添加剂的食品几乎没有，至少加工过程都离不开加工助剂，何况规范使用的食品添加剂，本来就有保障安全的作用。所以，"零添加"只不过是一个营销的噱头，并不会在安全性上变成"优等生"。

生命与健康

81

38 人类到底是由什么动物进化而来的

1856 年 8 月，德国杜塞尔多夫市郊区，两名采石工人在清理一个石灰岩岩洞时，发现了一片骨盆、一块眉棱隆起的头颅骨以及一具骸骨的其他部分。当地的一位业余博物学家鉴定后，坚持认为这是一种不同于现存人类的人类遗骨。后来，这具遗骨被定名为尼安德特人。

三年以后，达尔文发表了《物种起源》，宣称人类不是由一个全能的神所创造的，而是由比较早期的生命演化而成的，这些早期生命包括穴居的原始人类。当时的人们觉得这样的想法可怕极了："我们是猿猴的后裔？假如是真的，我们就得祈祷这件事情别传出去。"

有趣的是，越来越多的证据显示，这样的事情可能就是真的。就像发现尼安德特人的遗骨一样，更多的人类头骨和化石被挖掘出来，人类的进化历史日渐清晰。1924 年，第一个介于人和猿之间的幼年头骨在非洲出土，被命名为"非洲南猿"。1992年，科学家在埃塞俄比亚的阿拉米斯地区又发现了距今440万年的南猿化石。此后，各种南猿化石不断被发现，它们的下肢骨已经可以直立行走，上肢骨却仍然保留着攀缘的特征。

正是在这一系列的发现过程中，人类是由较早期的动物进化而来的理论逐渐形成了。尽管对于人类起源的地区还有争议——现有的证据偏向于东非，但在人类进化起源于森林古猿的判断上，科学家没有任何争议。从类人猿、原始人类、智人类到现代人类，经过从灵长类开始的漫长进化，才有了今天的我们。

未知探索

人类在未来还会继续进化吗

对于人类的未来，一种观点认为，人类不可能进化成更好的物种，因为人在高度发达的现代社会里，不存在可以筛选出更优越基因型的自然  选择；另一种观点则认为，随着人类对于DNA技术的掌控，不再需要等待缓慢进化，就有可能设计创造出改良的人种。

39 心血管疾病为什么高居各种死因首位

在长达 35 年的时间里，英格兰医学专家持续跟踪 5890 名男性的健康状态。他们在 2013 年发布的跟踪结果，彻底颠覆了"体力劳动者不容易死于心脏病"的老观念。事实上，体力劳动者吸烟比例更大，更容易肥胖或超重，易患高血压和心绞痛。

体力劳动者尚且如此，那些伏案工作的人又能好到哪里去呢？世界卫生组织公布的权威数字显示，全球每年大致有 5600 万人死亡，心血管疾病以超过 30% 的比例排在各种死因的第一位，其中 760 万人死于心脏病，570 万人死于脑卒中。原来，和心血管疾病比较起来，各种各样的癌症竟然还算不上是"第一杀手"。

心血管疾病是影响心脏和血管的疾病总称，包括冠心病、脑血管疾病、高血压、风湿性心脏病和先天性心脏

病等。不少年轻人认为，冠心病和高血压是老年人的"专利"，其实不然。如今，高血压的发病率在 18 岁前就达到 8%，心脏血管动脉硬化在青年时期就已经开始。

生活中时常出现的年轻人心脏猝死病例，也敲响了心血管疾病日益肆虐的警钟。

按照世界卫生组织的说法，大约有 300 种危险因素与心血管疾病相关，这些危险因素在全球人口中都显著存在。烟草、酒精、高血压、高血脂和肥胖，是其中最危险的 5 种因素。特别是现代人生活节奏紧张，家庭和事业的压力越来越大，加上脂肪摄入太多和缺少运动，直接导致人体新陈代谢速度减慢，血黏度迅速升高，更容易导致心血管疾病的发生。

未知探索

不能忽略的心血管疾病症状

心血管疾病的很多症状，容易在不经意间被忽略，被简单地以为是一般的身体不适。比如，胸前区、手臂、左肩、肘部、下颌或背部出现疼痛与不适，可能是心绞痛的症状；突发头面、手足麻木无力，言语困难或理解障碍，无明显诱因的剧烈头痛，则有可能是脑卒中的前兆。

85

40 劳动者怎样在工作中远离职业危害

　　这是一组令人触目惊心的调查数据——全国每年新增职业病患者中，尘肺病占90%。新发职业病中尘肺病占比，从2009年的79.9%增加到2017年的84.84%，迄今依然居高不下。在接受调查的尘肺病进城务工人员中，几乎全部长期在高浓度粉尘环境中工作，超过60%的尘肺病进城务工人员在工作中不戴防护面具。显然，让劳动者在工作中远离职业危害，既需要更多的法治力量，也需要劳动者的自我觉醒。

　　职业危害古已有之，古罗马的作家就记述过用猪膀胱预防熔矿烟气的办法。如今，职业危害依然存在于生产劳动的过程和环境中，影响着劳动者的健康和安全。粉尘是最严重的职业危害，在矿山开采和材料加工行业非常普遍，长期吸入会导致肺组织纤维化，引发尘肺病。噪声、高温和辐射，也是生产岗位常见的职业危害因素。当然，工作

环境卫生条件太差，缺少必要的采光和通风，有毒作业和无毒作业相邻进行，也都被列入职业危害的范畴。

职业危害广泛存在，直接导致职业病的发生，劳动者轻则失去劳动能力，重则生命安全受到威胁。在中国，接触职业危害的人群数以亿计，法定职业病便达到 115 种。但是，由于职业危害不会立刻造成死伤，往往没有引起人们的足够警惕。因此，对于劳动者来说，只有学习和掌握相关的职业卫生知识，才能自觉使用职业防护设备，真正远离工作岗位上的职业危害。

未知探索

亚健康也是一种职业危害

亚健康是非病非健康状态的职业危害，表现为精神活力、适应能力和反应能力的下降。在工作中长期接触有毒物品、心理压力或劳动强度过大、工位或工具不合理，都会让人陷入亚健康状态，出现记忆力下降、注意力不集中、思维缓慢、反应迟钝和安全感不够的症状。

地球与环境

41 地球为什么可以成为人类的"伊甸园"

经历几十年的茫茫搜索，人类终于找到了"地球的堂兄"。这颗名为开普勒-452b的行星围绕一颗恒星旋转，距离恰巧处在宜居带中，表面温度允许液态水存在，成为迄今为止最像地球的宜居行星。不过，它距离地球实在是太远了，连光都要跑上1400年才能到达。

科学家认定，一颗星球要想承载生命的诞生和繁衍，必须要有岩石构成的外壳，要有足够的液态水，既不能太热，也不能太冷。幸运的是，地球恰恰具备了生命存在的所有要素。地球是太阳的行星，自西向东围绕太阳旋转，每转一圈就是一年。太阳发出的光到达地球表面，需要8分18秒的时间，这个距离恰巧"刚刚好"，如果太近了，地球表面就会太热，水分会被彻底蒸发；如果太远了，得不

到足够的太阳热量，水又会结成固态的冰。

不过，别看地球现在是一个四季分明的宜居世界，它在 46 亿年前刚刚诞生的时候，还是一个全身被赤红熔岩覆盖的荒蛮星球，远远不是我们今天看到的样子。后来，熔岩冷却凝固，大气层出现，这才渐渐形成了原始海洋和陆地。即便如此，最原始的生命孕育出来，也是 10 多亿年之后的事情。至于人类的出现和发展，更是经历了漫长的演化。

在浩瀚的宇宙空间，人类能够落脚到地球这样一个生机盎然的"伊甸园"，是偶然和必然共同作用的结果。珍惜地球，也就是珍惜我们自己的未来。

未知探索

"三分陆地，七分海洋"

地球是一个两极稍扁、赤道略鼓的球体。海洋面积为 3.61 亿千米 ^{2}，约占地球表面积的 71%；陆地面积为 1.49 亿千米 ^{2}，约占地球表面积的 29%。地球始终保持着自转和公转，自转产生昼夜更替，公转形成四季轮回。

宇宙是怎样形成的

1990 年 4 月 24 日，美国"发现号"航天飞机发射升空，在预定高度轻轻松开机械手臂，把一个伸展着太阳能电池帆板的航天器送向太空深处。从此，在距离地面 600 千米的高空轨道，哈勃望远镜以 2.8 万千米的时速围绕地球飞行，始终睁大着直径足有 2.4 米的"巨眼"，向地面传回茫茫宇宙的观测图像。

宇宙到底有多大？这是一个人们无法想象的问题。古人说，"上下四方曰宇，古往今来曰宙"，指的便是宇宙根本没有时间和空间的边界。在今天的天文学家眼中，宇宙是在 130 亿 ~ 150 亿年前的大爆炸中形成的。当时，一个温度极高、密度极大的原始质点发生大爆炸，强烈膨胀辐

射的物质凝聚为星云，然后演化为各类天体，包括星系、恒星、行星和卫星。

仰望宇宙，我们看得见的星星几乎都是恒星。由于距离太远了，它们看上去只是在冷寂的太空中孤独飘零。

其实，每颗恒星都是一个火热的太阳，汹涌的热浪不断地从这些大火球中吐出来，射向广漠的宇宙空间。即使是最坚硬的金属，都会在这种热浪中熔解甚至化为气体。

但是，人类可以看到的天体只是宇宙中极小的一部分。漫无边界的宇宙，绝大部分是被看不见的暗物质和暗能量所充斥着。科学家甚至宣布，已经在银河系中心发现了反物质，宇宙中的黑洞便是连接物质和反物质的时空隧道。即便是巨大无比的恒星，也会像人类一样经历成长和死亡的过程，变成白矮星、中子星或者黑洞。至于仍在太空中超期服役飞行的哈勃望远镜，也会在完成探索宇宙影像的使命后，最终坠毁在地球的大气层中。

未知探索

宇宙到底有多大

宇宙的尺度大得几乎无法让人理解。科学家认为，在可观测宇宙中有大概1000亿个星系，每一个星系都有数以亿计的恒星。其中，最小的矮星系可能仅有大约1000万颗恒星，最大的巨椭圆星系则可能有100万亿颗恒星。造就地球万物生长的太阳，只是沧海一粟。

43 人类真的可以到地心去探险吗

从巨大的火山口钻进地层深处，沿途经历深海怪物、地下迷宫和带电的暴风雨，最终随着火山喷发回到地面，这是法国著名科幻作家儒勒·凡尔纳于1863年在小说《地心游记》中描述的探险故事。从那时到现在，地心旅行始终是人类最向往的一件事情。

地球的构造，看上去和鸡蛋有点相像。"蛋壳"就是地壳，由岩石组成，平均厚度为17千米。大洋部分较薄，大陆部分较厚。"蛋白"就是地幔，那里的高温使岩石处于熔融状态，成为岩浆的发源地。"蛋黄"则是地核，我们通常称为地心，主要由铁和镍组成。

人类想要进行一次地心旅行，高温是绕不开的障碍。在地幔这一层，岩石处于熔融状态，成为火山喷发时涌出的炽热岩浆。即便能够穿越

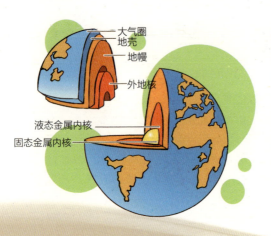

大气圈
地壳
地幔
外地核
液态金属内核
固态金属内核

地幔，恐怕也没有什么保护生命的设备可以抵抗住地心深处超过 6000℃ 的高温。

对于人类来说，到地心去旅行或许只能是一个幻想。但是，这并不阻碍人们用科学去探索未知的世界。每年发生的大小地震，产生着让地面剧烈摇晃的地震波，零星透露着地心的奥秘。比如，在地下 2900 千米处，地震波的传播速度发生了明显变化，所以这里便是地核与地幔的分界层。再比如，上地幔中的岩浆沿着地壳的薄弱地带向上运动，既有可能在地壳中冷凝形成各种岩浆岩，也有可能冲破上覆岩层喷出地表形成火山。这些问题弄得越清楚，人类的自身安全就越有保障。

未知探索

地心深处什么样

地心也就是地核，分为外核和内核两部分。外地核是流动的金属海洋，旋转产生地球磁场，屏蔽太阳喷射的有害射线辐射。内地核是一个巨大的金属球，压力是大气层压力的 400 万倍，可以把坚硬的金刚石压成黄油一样软。地心引力向各个方向拉伸，最终变成零重力。

工业厂房选址
为什么要避开地下断层

　　人们去西安旅游，总要去看看 13 层高的小雁塔。其实，这座著名佛教建筑原本是有 15 层的。丢掉的两层哪里去了？这还要从明朝的陕西华县大地震说起。

　　1556 年 1 月 23 日午夜，8 级地震突袭关中地区，"声如雷，地裂泉涌，平地突成山阜"，有姓名记载的死亡者便达到 83 万人，成为目前世界已知死亡人数最多的地震。小雁塔的两层塔顶，也在这次地震中被彻底损毁。

　　400 多年过去了，地震仍然是威胁人类生命和财产安全的致命灾难。地壳中的板块与板块之间相互挤压碰撞，长期聚集的能量在板块运动中突然释放出来，以地震波的形式传播，引起地面震动。一次地震只有一个震级。地震释放的能量越大，震级越高，破坏力也越大。

　　数百万年来，我们生活的大陆一直在缓慢漂移，并将继续漂移。地震就像是撒旦手中的骰子一样，无法准确预测下一次猝然落下的时间。不过，今天的地质学家至少已经知道，"撒旦的骰子"大多会落在地壳运动的板块交界处，因为那里存在着更多的活动断层。特别是那些孕育并发生过大地震的断层，

更被划入发震断层之列，需要高度警惕。

　　既然这样，我们在为工业厂房选址的时候，就要像熟悉周围的餐馆一样熟悉地下的情况，首先就要避开发震断层。在兴建水利设施、搭建民用住宅时，也都要这样去做。汶川地震的灾后重建中，许多工厂和村落整体搬迁，也是基于这样的道理。

未知探索

哪些地区属于地震带

　　地震带指地震发生的高频率地区，也是地壳各个板块相互接触的边缘地带。世界主要地震带有两个，分别是环太平洋地震带和地中海—喜马拉雅地震带。中国地震活动的分布很不均匀，主要包括环太平洋地震带、喜马拉雅地震带、华北地震带、东南沿海地震带、南北地震带、西北地震带、青藏高原地震带、滇西地震带。

如何处理好工业生产与环境的关系

一本书可以改变地球的自然环境吗？历史上还真有这样的例子。1962年，美国生物学家蕾切尔·卡逊的著作《寂静的春天》出版，直言农药杀虫剂对环境的污染和破坏，为人类假想了一个没有鸟、蜜蜂和蝴蝶的世界。由此开始，热衷于"征服大自然"的社会公众骤然惊醒，美国政府甚至成立了环境保护局，通过了禁止生产和使用剧毒杀虫剂的法律。

《寂静的春天》能够有这么大的威力，是因为它促使人类理智反思与大自然的关系。在远古时期，人类尚处蒙昧，畏惧自然。到了工业文明时期，人类在自然界的地位有所提高，把自己当成世界的主宰。从盲目崇拜自然到完全无视自然，工业生产对自然环境造成了严重破坏，最终让人类不得不吞下环境污

染的苦果。

工业生产通常伴随着环境污染的问题。比如，在含有化学物质的工业污水中，不仅有酸、碱、氧化剂和铜、镉、汞、砷等化合物，还可能有苯、二氯乙烷、乙二醇等有机毒物。如果直接排放到自然环境中，不仅会毒死水生生物，更会对环境质量造成永久破坏。至于大气污染、土壤污染、光化学烟雾污染、酸雨污染和固体废弃物污染，也都与工业生产直接相关，让原有的生态平衡受到不可逆转的破坏，导致物种灭绝、植被破坏和土地退化。

由此可见，人类在工业生产中必须尊重自然，着力推进绿色发展、循环发展、低碳发展，努力与自然和谐相处。

未知探索

垃圾回收遇到的大难题

如今，复合型材料在工业生产中的使用越来越广泛，垃圾回收处理遇到了大难题。比如，为了防潮和防磨损，生产厂家在纸制品的表层黏接或热压一层薄薄的塑料密封层，使用后进行回收时，需要的分离技术难度非常大，只能采取焚烧或填埋处理，严重影响自然环境。

地球上的资源会不会"坐吃山空"

　　如果把地球比作一个巨大的仓库，里面储藏的便是46亿年积攒下来的各种资源，它们是人类赖以为生的基本保障。可惜的是，无论这个仓库有多么巨大，只要是不可再生的资源，就总会有用光的那一天。

　　在依照世界能源报告绘制的估算图上，工业金属的剩余储量尤为紧缺，包括锌、银、金在内，都可能在未来20～30年面临短缺。石油、煤炭和天然气的剩余储量也堪忧，不禁让人顿生"坐吃山空"的感觉。

　　我们通常所说的资源，指人类可以从自然界中直接获得的土地、淡水、矿产和各种生物资源。严格来说，只要经过漫长的地质岁月，石油和煤炭也能重新形成。不过，

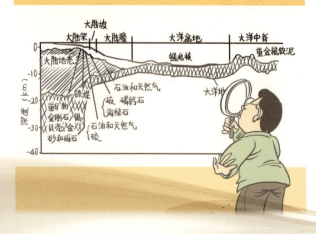

这个时期毕竟太长了，人类根本不可能等到它们再生的那一天。至于土地、淡水和生物资源，尽管不会消耗完毕，但承载的人口数量还是有极限的。比如，地球上的水看上去"取之不尽，用之不竭"，其实陆地淡水只占全球总水量的 2.35%，再加上分布很不均衡，有些地区早已经敲响了水资源短缺的警钟。

为了应对地球资源枯竭的危机，人类正在加速寻找可以替代传统能源的新能源。也许在未来的某一天，生物燃料会替代石油的位置，成为人类生产生活的主角。但是，即使是制造和获取核能、太阳能这样的新兴可再生能源，也离不开铀、铟和稀土等不可再生资源。所以，提高资源利用率，最大限度地节约资源，我们还是先从眼前做起吧。

未知探索

海洋是矿产资源的聚宝盆

海底蕴藏着的矿产资源，大大超出人们的想象。近海大陆架下，不仅埋藏着丰富的石油和天然气，还有大量的煤、硫和磷。在 2000 ~ 6000 米深的海底表层，黑色或褐黑色的锰结核储量巨大，可以开采出锰、铜、钴、镍等 30 多种金属元素。

矿产资源的开发
带来哪些问题

　　1998 年 12 月 6 日，来自国务院的一纸批复改变了云南省东川市的命运。这座 1958 年起设立的地级市被正式撤销，成为昆明下辖的东川区。这是中国第一座因矿产资源枯竭而消失的城市，曾经辉煌的"千年铜都"怅然消逝，只留下一段铸造过清朝 70% 钱币的传奇。

　　资源枯竭是矿产资源开发必然导致的问题。无论是石油和煤炭，还是金属和非金属，都不是上帝的恩赐，而是经过几百万年甚至几亿年的地质变化形成的。开发矿产资源的地方，人群聚集，工业发达，逐渐成为经济活动的中心。

但是，当可采储量出现衰退或枯竭时，整个城市便会急速坠入下滑状态，产业效益下降，社会发展停滞，失业水平上升。

　　环境污染是矿产资源开发导致的另一个问题。就拿煤矿开采来说，不仅直接损伤地表土层和植被，还会在堆

存和装卸的环节发生自燃或扬尘，破坏土地，污染大气。那些运输原油的超级油轮，一旦发生原油外泄，便会造成严重的海洋污染事件。至于矿物加工过程中排放的废水、废气和废渣，更让周围生态环境受到严重破坏。

面对这些问题，人类还是"有计可施"的。转型和可持续发展，是资源枯竭型城市摆脱困境的出路；推行绿色矿业，既可以实现资源开发最优化，也可以把对生态环境的影响降到最小。当然，这些都需要人类未雨绸缪，抢在红灯出现前及时转弯，否则等到真正枯竭或污染时再行动，一切为时已晚。

未知探索

中国是资源相对贫乏的国家

目前，中国90%以上的能源、80%以上的工业原料都来自矿产资源，已探明的矿产资源储量约占世界的12%，仅次于美国和俄罗斯。但是，中国矿产资源人均占有量仅为世界人均占有量的58%，居世界第53位，是一个资源相对贫乏的国家。

地球与环境

解决城市垃圾问题的最佳方式是焚烧发电吗

在持续运行 15 年之后，北京的第一个现代垃圾卫生填埋场——北神树垃圾卫生填埋场终于不堪重负，终止接纳城市垃圾。54 米高的垃圾山被铺上草皮，种上灌木，成为一座绿色的景观山。由于不再具备露天堆放或简单填埋的条件，焚烧发电成为处理城市垃圾的出路。

垃圾指人类在生产和生活中产生的废弃物质，既有建筑灰土、残破器皿和人畜粪便，也有食品残渣、塑料包装和废弃电池。长久以来，城市生活垃圾的处理主要是填埋和堆肥，占用大片土地，产生大量垃圾渗液和含毒气体，严重污染着土壤、地下水和空气。面对城市垃圾无处安身的危机，科学家动起了工业化焚烧发电的脑筋。只要严格依照程序和要求去做，既避免了垃圾堆放占用土地，又可以完全分解垃圾中的有害成分，排放的气体不再有腐臭的味道，发出的电还可以作为城市生活用电。

生活垃圾是城市垃圾的

主体，原生生活垃圾"零填埋"和生活垃圾100%无害化处理率，是城市环境卫生需要实现的指标。不过，无论填埋还是焚烧，都是对资源的浪费，需要我们同步推进垃圾分类治理和绿色低碳生产生活方式，抑制过度消费和过度包装，减少垃圾的产生。同时，要在源头实现垃圾分类投放，通过分类清运和回收使之重新变成资源。说到底，这才是解决城市垃圾的终极出路。

未知探索

废弃塑料的"过"与"功"

　　垃圾，混在一起就是废物，分类回收就是宝贝。生活中常见的一次性塑料袋和塑料餐盒，埋在地下一两百年也烂不掉，还会使土壤失去耕种的能力。但是，如果能够集中回收，1吨废塑料至少能回炼0.6吨的汽油和柴油，"白色污染"就会成为"二次油田"。

49

雾霾天气的元凶到底是什么

　　1952 年 12 月，伦敦城骤然陷入昏暗的烟雾之中。即便是白天，大街上也要点亮路灯，汽车只能小心翼翼地开着大灯行驶。室外音乐会全部取消，因为人们根本看不见舞台。随着空气中的污染物浓度持续上升，发病率和死亡率急剧增加。在烟雾持续的 5 天时间里，伦敦地区的死亡人数骤增数倍。直到强劲的西风吹来，恐怖的烟雾才逐渐消散。

　　伦敦上空的浓重烟雾，就是我们通常所说的雾霾。其实，雾和霾还是有很大区别的。雾是一种自然现象，霾是充斥灰尘、硫酸、硝酸等颗粒物的烟气。一旦雾和霾连在一起，严重的污染天气就出现了，整个天空变得灰蒙蒙的，空气中充满呛鼻的味道。

　　雾霾天气通常是多种污染源混合作用形成的，元凶就是二氧化硫、氮氧化物和可吸入颗粒物。它们与雾气结合在一起，让

天空变得阴沉灰暗。其中，人们当下比较关注的$PM_{2.5}$，便是空气中直径小于或等于2.5微米的可吸入颗粒物，主要来自煤、汽油、柴油、秸秆、木柴和垃圾的焚烧，时常载有重金属、多环芳烃等有毒物质。

雾霾天气的具体成因，根据不同地区的实际情况有所区别。比如，伦敦烟雾事件的出现，直接原因是燃煤产生的二氧化硫和粉尘污染，间接原因则是逆温层造成的大气污染物蓄积，吸附了水汽的燃煤粉尘与污染物发生氧化，生成硫酸雾滴。因此，只有结合本地区的污染源状况，才能采取有效措施，预防和抑制雾霾天气的产生。

未知探索

$PM_{2.5}$ 对健康有什么危害

$PM_{2.5}$ 主要对呼吸系统和心血管系统造成伤害，包括呼吸道受刺激、咳嗽、呼吸困难、降低肺功能、加重哮喘、导致慢性支气管炎、心律失常以及非致命性的心脏病、心肺病患者的过早死。老人、小孩以及心肺疾病患者是 $PM_{2.5}$ 污染的敏感人群。

50

为什么要倡导绿色生活方式

　　关心自己，更关心"生病"的地球，亲近自然，保护环境，热心公益；在旧货市场选购二手日用品，热衷于骑自行车或步行，甚至收集雨水来洗澡，物质返璞，消费归真……在如今的城市里，越来越多的人选择这样的生活态度，成了追求自然、健康、和谐的"乐活一族"，践行着环保主义理念的绿色生活方式。

　　1998年，美国社会学者保罗·瑞恩正式提出"乐活"的概念，很快成为风靡世界的生活潮流，这是人类对于原有消费行为的一种反叛。雾霾天气日趋频繁，男女老幼人人难以顺畅呼吸；工业废水违规排放，污染着曾经清澈的河流水塘；腐败变质的垃圾无处掩埋，包围着高楼林立的现代都市——所有这些，让我们比以往任何时候都更清醒地认识到，环境生态不断恶化的苦果，最后要由每一个人在生活中付出健康的代价。

生态环境陷入危机，既有工业污染的原因，也与人类的生活方式相关。人类既是环境问题的制造者，又同时是环境问题的受害者。生活中大

量使用的含磷洗衣粉，造成污水排放含磷过高，水中生物缺氧死亡，水体成为死水和臭水。无数废旧电池被随意丢弃，汞、镉等有毒物质渗入土壤或水源，通过农作物进入人的食物链。所以，践行绿色生活，人人都应是参与者。拧紧水龙头，随手关灯，调高空调温度，垃圾分类投放，不使用一次性筷子……这样的绿色生活方式，才会让我们"望得见山，看得见水，记得住乡愁"。

未知探索

饮食方式也能影响碳排放吗

人们可能很难想象，包括飞机、火车、汽车、摩托车在内，全球所有交通工具的温室气体总排放量，还没有畜牧养殖业的排放多。诺贝尔奖得主帕乔里博士直言："肉食是排碳量极大的产品。我们不吃肉、骑脚踏车、少消费，就可以协助遏止全球暖化。"

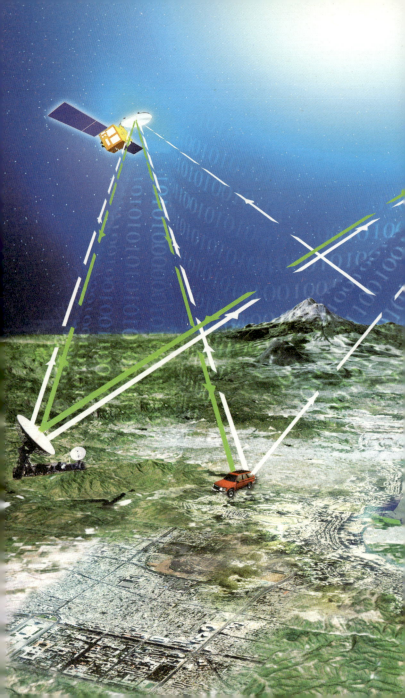

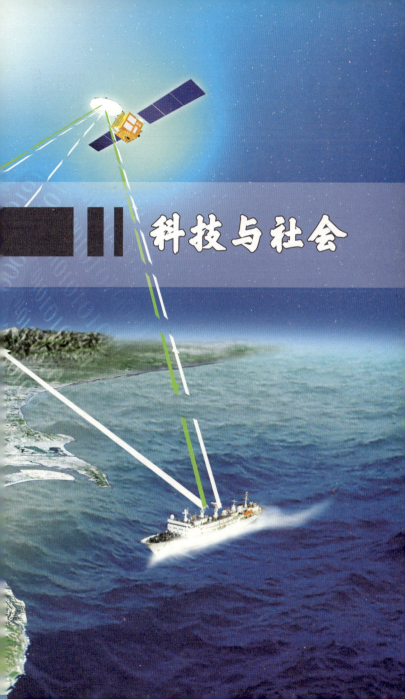

科技与社会

51

为什么科学技术是第一生产力

17世纪的英国，飞梭的发明使得织布的效率大大提高，纺纱的速度被远远甩在后面。30年后，效能提高8倍的珍妮纺车被发明出来，再加上世界第一台"大机器"水力纺纱机的问世，织布的速度相对又落在后面。接下来，依靠蒸汽机带动的织布机出现了，纺纱和织布的速度重新变得匹配起来。随着纺纱技术与织布技术的轮流进步，最终带动英国从手工业进入工业化的新时代。

在近现代工业的发展史上，有过太多显示科技力量的例子。不同的是，人类已经完成了一个重大的转换，不再只是依靠工业生产的发展去推动科学技术进步，而是更多地让科学技术走在工业生产的前面。越来越多的新工艺，首先在科学实验室里被创造出来。这种科学技术的重大突破，很快就会引起劳动资料、劳动对象和劳动者素质的深刻变革，进而带来生产力的新一轮解放。

如今，人类的知识正在以几何速度增长。通常来说，一位工程师的知识半衰期只有 3 ~ 5 年，也就是说他的一半知识会在这段时间内落后过时，移动互联网时代更在加速缩短着知识更新的速度，使得科学技术应用于生产过程的周期日趋缩短。随着关键核心技术的突破，我国的载人航天、深空探测、深海深地探测、超级计算机、卫星导航、量子信息、大飞机制造等都取得重大成果。这就意味着，科学技术一旦转化成实际生产能力，就会超越资本等其他要素，成为推动社会进步的第一生产力。

未知探索

第一生产力的乘法效应

根据当代科学技术与生产力之间的作用机制，科学技术同生产力各要素的关系可以用这样的公式来表示：生产力＝科学

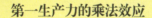

技术 ×（劳动力＋劳动工具＋劳动对象＋生产管理）。显然，科学技术不仅是现实的直接生产力，更因为乘法效应在生产力各个要素中占据首要地位。

52

如何通过科学实验揭开事物真相

　　1901年，在柏林大学犯罪侦查学的课堂上，两个人突然争吵起来，其中一个人拔枪向对方射击。随后，在场的15位证人被要求分别提供书面或口头的目击报告。结果，没有一个人可以回忆出事发现场的全部细节，出错率均在27%～80%，还有几位证人甚至杜撰了根本没有发生过的情境。这当然不是一件凶杀案，而是德国心理学家斯特恩用玩具手枪进行的一次实验，为的是判断法庭审判中的证词到底有多少可信度。

　　达尔文说过，科学就是整理事实，从中发现规律，做出结论。然而，我们平时所看到的大量事实，总会受各种不同因素的影响，时常处在千变万化之中，往往把规律和结论掩盖或模糊起来。解决这个问题的办法，就需要利用观察、

测量、实验和验证等科学研究方法，排除所有偶然因素的干扰，寻找到客观世界各种事物的本质及规律。

　　科学实验能够揭开更多的未知真相。微生物学家巴斯德设计过

一种曲颈瓶，空气中的尘埃很难进入瓶内。然后，他把肉汤倒进瓶中加热杀菌，结果肉汤并没有发生变质，这就证实了肉汤腐败是空气中的微生物导致的。显然，准确的实验结果离不开科学的实验方法。现在，药品研发大多需要进行双盲法实验。比如，1000 位高血压患者，500 位服用新药，500位服用安慰剂，但是，无论是实验者还是受试者，都不清楚每一个人服用的是新药还是安慰剂。这样观察汇总得到的血压变化，才能让新药的治疗效果更加客观和可靠。

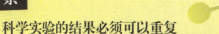

未知探索

科学实验的结果必须可以重复

科学实验只有可以多次重复，实验结果才能被认可。1959 年，美国物理学家韦伯宣布，他的实验装置已经接收到了从银河系一处天体发出的引力辐射，验证了爱因斯坦关于引力波的预言。但是，这一实验在世界各地十几个实验室都未能重复。不过韦伯的工作激发了许多年轻科学家的探测兴趣，他们不断改进装备，继续探测。2016 年 2 月 11 日，激光干涉引力波天文台实验组宣布，直接观测到黑洞并合后产生的引力波。

53

为什么有的人容易迷信

　　每年高考前夕，在大别山深处的一株古树前，家长们带着他们即将参加高考的孩子伏倒在地，虔诚地跪拜、叩首和上香，祈求"神树"保佑。在被称为"亚洲最大高考工厂"的毛坦厂中学，这样的仪式带旺了整整一条街的高香火烛生意，有的家长甚至还要在孩子被录取后专程拜"神树"还愿。只有当地人才知道，这棵古树其实平淡无奇，一直被用来遮阳避雨。——

　　在人类的日常生活中，迷信从古到今一直存在。科学家说，尽管拥有发达的大脑和先进的科技，现代人仍然是一个习惯于迷信的物种，迷信还并没有被科学驱逐消失。即便在科学知识普及程度比较高的美国，依然有大约过半的民众至少是轻微迷信。盖洛普民意测验显示，13% 的美国人会因为居住在旅馆的第 13 层而心烦不已，9% 的人会因此而换房间。

　　通常所说的迷信，主要指"盲目

的相信"和"不理解的相信"。那些害怕未知东西的人，还有那些不愿意进行科学思考的人，往往会不自觉地接受迷信，排斥理性判断和科学常识。比如，面对激烈的竞争，有的人更容易产生不安全感，对前途感到恐惧焦虑，对自己的未来没有信心，转而参与迷信活动。再比如，有的人对于科学的奥秘一无所知，这就容易把生活中的巧合当作"命运"，遇到健康问题的时候，宁愿把求神拜佛当成"救命稻草"，也不相信医学的规律和力量。显然，对抗迷信以及一切蒙昧无知的思想，科学还有许多工作要做。

未知探索

占星术：人类最古老的迷信

占星术的历史非常悠久，它试图利用人的出生地、出生时间和天体的位置，来解释人的性格和命运，预言尚未发生的事件。如今，随着自然科学和社会科学的研究发展，占星术所依赖的基础早已被否定，越来越显露出它不过是一种被原始占星术士包装上玄幻外衣的迷信。

54

科学假说到底是真的还是"假"的

科学假说

加拉帕戈斯群岛是杳无人烟的群岛，位于太平洋东部的赤道上。1835 年，达尔文搭乘英国"猎犬号"舰船登上这个群岛，对 800 多种动植物进行详细考察，发现岛上的动物比大陆上的动物更为温顺，便提出了一个假说来解释这种现象——因为岛上的动物没有太多的天敌，所以它们才不会躲避人和其他动物。他在自然巨著《物种起源》中，更通过对比群岛物种与南美大陆物种的相似与差异，提出了进化论这一影响人类的最大科学假说。

星座命理

达尔文提出的科学假说，被后来的科学研究反复证实。动物的居住地离大陆越远，在逃跑前允许捕食者靠近自己的距离就越近，这是普遍公认的科学规律，并且成为支撑进化论的重要范例。1869

年，类似的故事也发生在化学家门捷列夫身上。他依据自己的判断，大胆提出元素周期律的科学假说，预言了 3 种当时尚未发现的元素及其特性。在此后的 17 年里，3 种元素陆续被发现，门捷列夫的假说成了科学理论。

科学研究就是提出假设，进行观察、推理、实验，得出结论。科学假说既是科学思维的形式，也是通向真理的先导和桥梁。由于客观世界的复杂性，科学理论很难一下子就被找到，科学家只能依据已经知道的事实和现象，推测出有关未知世界的科学假说。它不能说是"真的"，因为还有待实验的论证；它又不能说是"假的"，因为假说是在一定事实基础上的假设。只有在得到更多科学事实的证实后，科学假说才能成为科学理论。

未知探索

伪科学不是科学

无论披上怎样的"科学"外衣，使用怎样的"科学"语言，伪科学都不是科学。伪科学的说教漏洞百出，标榜自己的所谓"理论"为"终极真理"，涉及的所谓事实并不具有可重复性，拒绝一切科学的验证，经不起真正的科学检验，靠断章取义去迷惑和误导迷信者。

55

转基因食品会不会 "转"了我们的基因

20 世纪 90 年代初,第一种转基因食品首先进入美国市场。保守的英国人成功研究出这种保鲜番茄,却没有敢于进行商业化,美国人便成了第一个吃螃蟹的勇敢者。早在 2013 年,美国参议院便以 71 票对 27 票的优势,否决了要求转基因食品强制标注的提案。如今,全球转基因作物种植面积由最初的 2550 万亩增加到 28.6 亿亩,作物种类由玉米、大豆、棉花、油菜等 4 种扩展到马铃薯、苜蓿、茄子、甘蔗、苹果等 32 种。

转基因食品的出现,让转基因技术成为大众关注的焦点。简单来说,通过这种生物技术,一个生物体的基因可以转移到另一个生物体的 DNA 中,依照人们的需要生产食物,或者制造药物和诊疗遗传病。不过,生活中最常出现的还是各种转基因植物,包括西红柿、土豆、玉米、大豆和木瓜等。尽管它们的口感和非转基因食品的口感相差无几,但相当一部分公众依然心存恐惧,担心转基

转基因

因食品"转"了人类自己的基因。

其实，如果掌握更多一点科学知识，就会对法律严控下的转基因食品放下心来。世界卫生组织以及联合国粮农组织认为，凡是通过安全评价上市的转基因食品，与传统食品一样安全，可以放心食用。当前，我国转基因育种的技术水平已经进入国际第二方阵的前列，初步形成了自主基因、自主技术、自主品种的创新格局，《"十四五"全国种植业发展规划》更是明确提出，"有序推进转基因大豆产业化应用"。

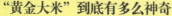 未知探索

"黄金大米"到底有多么神奇

维生素A缺乏是世界级公共卫生问题，每年有20万~50万人因此患上干眼病或失明。通过转入玉米的基因，水稻中的β胡萝卜素含量提高了30倍，呈现出金黄色，并可以在人体内转化为维生素A，儿童只需每天吃50克"黄金大米"，就可以满足正常的维生素A需要量。

黄金大米可以在人体内转化为维生素A……

121

56

从"中国制造"到"中国智造"距离有多远

在 2021 年东京奥运会上，作为日本国民运动的柔道项目最终采用了中国制造的柔道器具。当这一消息传到网上，不少日本网民一度质疑"为什么不用日本品牌"。然而，他们很快发现，不光是柔道比赛，乒乓球、羽毛球、举重、跆拳道、射箭等项目的比赛器材，都是中国制造的。就连颁奖台的奥运五环标志，也离不开中国山东企业的切割设备，精度达到头发丝的 1/10，让奥运赛场实实在在地变成中国队的主场。

世界的繁荣，离不开中国制造的巨大贡献。如今，中国就像是一座为全球公司生产和加工产品的"大工厂"，印有"Made in China"标记的商品，在许多国家随处可见。但是，随着中国经济的持续发展，人口红利带来的成本优势开始慢慢消失，廉价生产对生态环境和自然资源的破坏逐渐显现，品牌和创新的相对滞

中国智造！

后，更造成后续发展动力不足。

从"制造"到"智造"，一字之差有着天壤之别。全球的芭比娃娃大多在中国制造，美国品牌商从每个芭比娃娃赚走 8 美元，而中国企业只拿到 0.35 美元加工费。当前，中国拥有自主知识产权核心技术的企业比例还很低，一些行业的对外技术依存度超过 50%，迫切需要实现从"中国制造"向"中国智造"的升级。所以，我们应当早做准备，抓住新一轮工业革命颠覆重构世界制造业的机遇，搭上移动互联网、物联网以及云计算和大数据技术的快车，让"中国制造"由大变强，让"中国智造"脱颖而出，在世界制造业的产业链条上，最终占据研发、售后服务等高端位置。

未知探索

微笑曲线理论

微笑曲线是一条类似微笑嘴型的曲线，中间下凹，两端上翘，通常用来形容制造业的产业链条。曲线的中间是制造，两边分别是研发和营销。

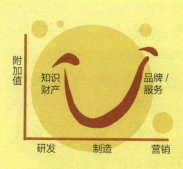

就产品的附加值而言，曲线的中间最低，两端较高。因此，制造产业应朝曲线的两端发展，在核心技术和营销服务上多下功夫。

57

统计质量管理和全面质量管理有什么区别

　　谈到质量管理，人们常常提到这样一个经典故事：第二次世界大战时期，尽管生产厂商交付的降落伞合格率达到 99.9%，军方仍然很不满意，认为它意味着每 1000 名伞兵中就会有一个人因跳伞而送命。两边相持不下，军方决定改变检查质量的方法，让厂商负责人从交货的降落伞中随机挑出一个进行试跳。奇迹出现了，产品合格率迅速变成了 100%！

　　几十年过去了，这个故事的真实程度已经无从查考，但"试跳抽检"所蕴含的产品质量管理方法，至今还被中外管理学家津津乐道。要保证产品的性能、外观和寿命符合质量标准，逐一进行产成品检查是最保险的做法。不过，在大批量快速生产的工业时代，对产品不仅无法进行破坏性检验，甚至根本不可能进行全数检验，只能采取统计质量管理的方法，通过抽样检测，收集与产品质量有关的数据，从中找出质量变化的规律，实现对质量的控制。

统计质量管理的基础是科学知识，包括概率论、数理统计等。但是，一旦从科学知识上升到科学方法，统计质量管理也

就转型升级为全面质量管理。比如，它不再单纯控制产品的加工制造质量，而是介入到从调查、研制、设计到采购、加工、销售的整个环节。全面质量控制通常分为四个阶段，分别是计划（Plan）、实行（Do）、检查（Check）和处理（Action），四个阶段既有先后又有联系，每执行一次为一个循环，每个循环相对上一循环都有一个提高。

未知探索

世界级质量的个性化特征

企业管理学家常说，"一场质量革命意味着在吃饭、睡觉和休息时都念念不忘质量"。世界级质量有着个性化的特征，包括管理者着迷于质量，有一套思想体系或思想方法作为指导，认为质量可以衡量，好的质量应当被奖励。它相信，质量始于培训并终于培训，质量革命是一场关注琐碎细节的战争，质量上升会导致成本下降。

58

"知识大爆炸"还能爆发出什么

在未来的日常生活中，我们会不会遇到这样的场景：皮肤再生设备出现了，那些皮肤烧伤或严重毁容的人，不会留下任何永久的伤口和疤痕；通过基因复制技术，许多灭绝物种起死回生，真实的"侏罗纪公园"展现着自然界的更多奥秘；真空管高压喷射成为交通工具，比现在的高速列车还要快好几倍……不要简单地回答"不可能"，因为在一个"知识大爆炸"的时代里，科技的力量是如此神奇，可以让太多匪夷所思的事情变成现实。

人类知识的高速增长，只能用"爆炸"来形容。知识总量翻一番的时间，在19世纪需要50年，在20世纪中期需要10年，进入21世纪后仅仅需要3年，现在有人测算只需要73天。未来学家甚至认为，现在的科技知识不过

是2050年的1%。这种知识的剧增，直接带来科技的巨变。20世纪前50年，世界的重大发明为961项，比此前4个世纪的总和还多127项。从1945年问世开始，电子计算机的性能在70年里整整提高了100

万倍，并将在 25 年内再提高 100 万倍！

　　"知识大爆炸"是一场无声的革命，影响着人类的生产方式、生活方式和思维方式，并带来产业结构和就业结构的重大变化。比如，传统制造业就业人数减少，服务业就业人数增加；生产一线就业人数减少，经营管理就业人数增加；体力劳动型就业岗位减少，技术型和脑力劳动型就业岗位增加；全日制就业机会减少，非全日制就业机会增加。未来的劳动技能不是以体力为基础，而是以知识和智力为基础，知识生产将成为整个社会最重要的"工业"。

未知探索

后工业社会的特征

　　继农业革命和工业革命后，新技术革命让人类加速进入后工业社会，并表现出五大特征：大多数劳动力从农业和制造业转向服务业，专业技术人员在职业结构中占主导地位，理论知识成为社会的战略资源，未来的技术发展有计划且有节制，制定各项政策都有赖于智力技术。

59

为什么要关注
"互联网+"的风口

一个包括 130 余项在线服务的互联网平台，将会让中国 4.88 亿机动车驾驶员的生活变得轻松起来。处理违章、缴纳罚款，不再需要来回奔波；驾驶人考试、机动车检验，都可以在网上轻松预约办理……每年 285 亿次的访问量，让公安部交通安全综合服务管理平台广受关注，成为"互联网+"改变现代社会运行生态的样本。

"互联网+"是由互联网形态演进、催生的经济社会发展新形态，通过互联网与传统行业的融合，利用互联网的优势、特点创造新的发展机会，提升整个社会的创新力和生产力。互联网对大众生活的颠覆早就开始了，从书店买书到网上选购，从售票处排队到网上订票，从银行办理业务到网上直接购买理财产品，这些变化都是"传统行业+互联网"的成功尝试。

如今，通信技术与互联网平台进一步深度融合，"互联网+"更是成为所有创业者不能错过的风口。以"互联网+工业"为例，移动互联网、云计算、大数据和物联网的出

现，颠覆了设计—生产—销售—售后的传统流程，消除了生产与消费之间的鸿沟。汽车厂商甚至会比自己的用户还清楚，到底什么时候需要上门提供更换轮胎的服务。

曾几何时，住房、道路、农田水利、工厂都是推动社会进步的基础设施。今天，信息高速公路这一全球基础设施正在兴建，像潮水一样漫过传统低效的洼地。如果我们想在未来加速发展的话，就一定要更多关注"互联网+"的风口。

未知探索

跨界融合："互联网+"的第一特征

"互联网+"有许多特征，包括创新驱动、重塑结构、尊重人性、开放生态和联接一切。但是，最主要的特征是跨界融合。"+"就是跨界，就是变革开放，就是重塑融合。敢于跨界，创新基础才更坚实；融合协同，群体智能才会实现，从研发到产业化的路径才会更畅通。

60

如何实现创业与创新的梦想

一位普通的技校毕业生，最终走上了国家科学技术进步奖的颁奖台。这是天方夜谭吗？当然不是，这样的事情就发生在大国工匠潘从明的身上。这位一线工人发明的镍阳极泥中铂钯铑铱绿色高效提取技术，解决了传统工艺存在的原料适应性差、资源利用率低、清洁性差等技术瓶颈，累计创造直接经济效益3.5亿元，盘活贵金属资源6400吨。

科学与技术的发展，把我们带进一个可以创造无限可能的时代，创造性思维则直接决定着产业工人素质的高低。面对同样的生产难题，有人束手无策，有人手到擒来，看上去是技术水平存在高低之分，深处的差别却是创造性思维的多寡有无。

其实，许多医生常用的叩诊法，就是创造性思维的产物。18世纪，人们无法知道患者胸腔里到底有多少脓水，时常出现误诊。某一天，一位奥地利医生偶然留意到酒馆伙计边敲酒桶边听声音，依此判断酒桶内还有多少酒，顿时恍然大悟——人体胸腔的脓水是不是也可以用叩击的方法来判断呢？试验成功了，叩诊法由此挽救了许多患者的生命。

在今天的中国，推动调整经济结构、打造发展新引擎、增强发展新动力、走创新驱动发展道路，离不开亿万劳动者的创业与创新。来自大众的智慧、勇气和力量，不仅可以强力刺激各种市场要素自由流动，更可以推动体制机制的改革，让整个中国经济社会发展"活起来、动起来"。

"思想本身根本不能实现什么东西。思想要得到实现，就要有使用实践力量的人。"马克思和恩格斯所说的这个"人"，指的就是正在各行各业不同岗位创造财富的劳动者。放到 20 年以前，究竟能有多少人预见到，那些穿行于街巷的快递小哥，会在今天成为支撑起社会运转活力的"毛细血管"？又能有多少人预见到，只需一个网络教育的平台，即便是穷乡僻壤的学生，也可以在电脑前学习世界顶级名校的公开课？

"人之需万千，不能尽由己足，方有商。"在经济发达国家，市场高度饱和到"城市的每一寸草坪都被人工修剪过"的程度，逼迫人们只有依靠创新去创造出新的市场需求。相比而言，中国尚处于发展中，市场离饱和还差得远，生活中的需求很多，难题很多，创业与创新的商机几乎随处可见。抓住那些人们需要但无法形容和表达的需求，探索新的消费热点和生活方式，就是产业工人创业与创新的最宽敞的"入口"。

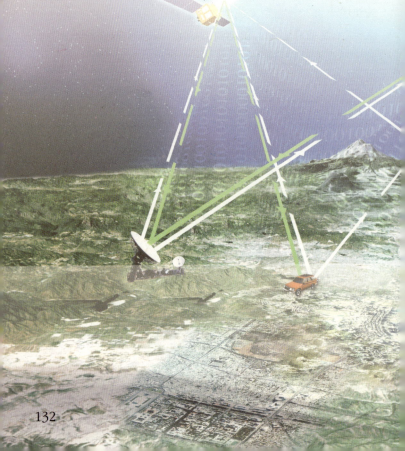

超过14亿人口总量、9亿多劳动人口、上亿市场主体，加上巨大的市场空间和消费升级潜力，这就是在今日中国创业与创新的雄厚"本钱"。随着教育水平的提高，互联网知识日益普及，脑力劳动和体力劳动不再泾渭分明，这就使得创业与创新不再是少数人的专利。何况，创造性思维从来没有职业之分。身处一线岗位的劳动者，直接面对众多生产技术难题和日常生活需求，具备大量的实践经验，只需时时处处多问几个"为什么"，多想几次"怎么办"，让自己的思维广度无穷地扩展，就有可能发明出新的创意、工法技法和服务方法，就可以在科学技术重塑传统产业的颠覆中，走上创业与创新之路，在实现中国梦的伟大征途中，实现自己的希望和梦想。

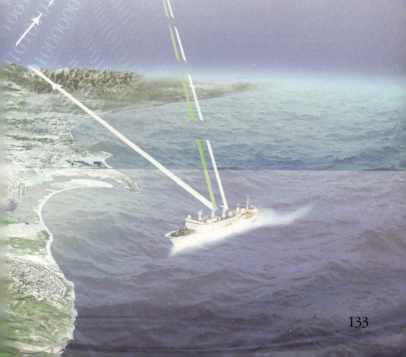

图书在版编目（CIP）数据

产业工人科学素质提升行动 /《中国公民科学素质提升行动丛书》编写组编 . -- 北京：科学普及出版社，2023.10

（中国公民科学素质提升行动丛书）

ISBN 978-7-110-10624-2

Ⅰ . ①产… Ⅱ . ①中… Ⅲ . ①产业工人—科学—素质教育—中国 Ⅳ . ① G322

中国国家版本馆 CIP 数据核字（2023）第 113992 号

策划编辑	郑洪炜
责任编辑	郑洪炜　孙海婷
封面设计	中文天地
正文设计	中文天地
责任校对	张晓莉
责任印制	徐　飞

出　　版	科学普及出版社
发　　行	中国科学技术出版社有限公司发行部
地　　址	北京市海淀区中关村南大街 16 号
邮　　编	100081
发行电话	010-62173865
传　　真	010-62173081
网　　址	http://www.cspbooks.com.cn

开　　本	787mm×1092mm　1/32
字　　数	94 千字
印　　张	4.625
印　　数	1—8000 册
版　　次	2023 年 10 月第 1 版
印　　次	2023 年 10 月第 1 次印刷
印　　刷	北京盛通印刷股份有限公司
书　　号	ISBN 978-7-110-10624-2 / G·4380
定　　价	29.00 元
